Das finden Sie auf Ihrer CD-ROM

Die beiliegende CD unterstützt Sie dabei, Ihre Soft Skills zu trainieren und in der Praxis anzuwenden. Sie enthält

- die Übungen aus dem Buch – praktisch zum Ausdrucken und Ausprobieren,
- alle Checklisten, die Sie auch im Buch finden – so haben Sie einen schnellen Überblick, ob Sie an alles gedacht haben,
- zahlreiche Arbeitshilfen und Merkblätter zu Teamleitung, Moderation, Präsentation und Workshops sowie
- einen Soft-Skills-Check – überprüfen Sie, welche Soft Skills Sie bereits in der Praxis einsetzen.

Thomas Bohinc
Soft Skills

Vahlen

→ Startseite

Übungen

Checklisten

Merkblätter

Checkliste "Soft Skills"

Zum Autor

Zum Buch

Impressum

Die CD "Soft Skills"

Die Inhalte auf der CD liefern Übungen, Checklisten, Merkblätter und Arbeitshilfen.

Navigation

Zum Navigieren benützen Sie bitte die Menüführung links.

Zu den Checklisten

Die Checklisten liegen im Format Word (*.doc) und Adobe (*.pdf) vor. Bitte klicken Sie zum Öffnen der Dateien auf den entsprechenden Link.

Verlag Vahlen | Wilhelmstraße 9 | 80801 München | 089-38189-381
E-Mail: webmaster@vahlen.de

ISBN 978-3-8006-3618-1

© 2009 Verlag Franz Vahlen GmbH
Wilhelmstraße 9, 80801 München
Druck und Bindung: Druckhaus Nomos
In den Lissen 12, 76547 Sinzheim

Lektorat und Satz: Text+Design Jutta Cram
Spicherer Straße 26, 86157 Augsburg

Gedruckt auf säurefreiem, alterungsbeständigen Papier
(hergestellt aus chlorfrei gebleichtem Zellstoff)

Soft Skills

Tomas Bohinc

Verlag Franz Vahlen München

Inhalt

Vorwort

Fachwissen und Erfahrung sind das Fundament Ihres beruflichen Erfolgs. Aber wirklich erfolgreich sind Sie erst, wenn Sie gut kommunizieren, überzeugend auftreten und mit unterschiedlichsten Menschen zurechtkommen – denn in unserer Dienstleistungs- und Informationsgesellschaft spielen Soft Skills eine größere Rolle denn je.

Gerade dann, wenn Sie als Experte die Karriereleiter hinaufklettern wollen, entscheiden nicht nur Ihre Fachkenntnisse über das Fortkommen, sondern auch Ihre Soft Skills. Die meisten Arbeitsergebnisse entstehen in der Zusammenarbeit mit Ihren Kollegen. In diesem Arbeitsumfeld sind Sie dann erfolgreich, wenn Sie sich rechtzeitig darauf vorbereiten, dass Arbeiten mit Menschen immer mehr bedeutet, als mit Zahlen und Fakten umzugehen.

Was sind Soft Skills und was nützen sie Ihnen?

Soft Skills sind Fähigkeiten, mit anderen professionell zu reden. Und das tun Sie in Ihrem Berufsalltag täglich. Sie reden mit Ihrem Chef, mit den Kollegen und mit Kunden.

Soft Skills sind Fähigkeiten, im Team zu arbeiten. Im Team arbeiten Sie in Projekten, in Arbeitsgruppen, aber auch wenn Sie in Workshops oder Meetings Lösungen erarbeiten.

Soft Skills sind Fähigkeiten, andere zu überzeugen. Das gehört zu Ihrem Handwerkszeug, weil Sie sich selbst und Ihre Arbeitsergebnisse immer wieder verkaufen müssen: beim Management, bei Ihren Kunden und bei den Betroffenen.

In diesem Buch zeige ich Ihnen, wie Sie Ihre „weichen Fähigkeiten" entwickeln und im Berufsalltag einsetzen können. Was die einzelnen Soft Skills sind, erkläre ich Ihnen an Modellen. Wie Sie diese umsetzen können, zeige ich Ihnen mit Beispielen und Checklisten. Immer wieder gebe ich Ihnen in kleinen Übungen Anregungen, wie Sie Ihre Soft Skills Tag für Tag immer weiter verbessern. Für den praxisorientierten Arbeitsalltag ist die CD gedacht: Auf ihr finden Sie Checklisten und Arbeitsblätter für die verschiedensten Situationen in Ihrem Arbeitsalltag.

Nauheim, im März 2009
Dr. Tomas Bohinc

Soft Skills: Weich, aber wichtig

Soft Skills können darüber entscheiden, ob Sie einen Job bekommen oder die Karriereleiter hinaufklettern – auch dann, wenn Sie ein exzellenter Fachmann auf Ihrem Gebiet sind. Das zeigt der Dialog zwischen einem Personalleiter und einer Führungskraft. Gemeinsam entscheiden sie über die Besetzung einer Stelle.

Fachwissen oder Teamfähigkeit wichtiger?

Führungskraft: „Herr Arnold ist ein Experte. Hier ist sein Lebenslauf. Er hat in seinem Unternehmen fast alle Themen bearbeitet, für die wir ihn auch hier brauchen. Und auch ein Patent kann er sein Eigen nennen. Die Zeugnisse sind ebenfalls exzellent: Abitur mit 1,1 bestanden, eine Eins als Abschlussnote seines Studiums. Und alle Zeugnisse seiner Arbeitgeber bescheinigen ihm sehr gute Fachkenntnisse."

Personalleiter: „Das ist alles richtig. Von allen Bewerbern ist er nach den Unterlagen der Qualifizierteste. Aber trotzdem habe ich meine Bedenken. Erinnern Sie sich: Im Vorstellungsgespräch hat er sich schlecht verkauft. Aus seiner Selbstdarstellung hätten wir nicht erkennen können, was er geleistet hat. Auf unsere Fragen hat er sofort mit vielen Details geantwortet, sodass wir kaum verstehen konnten, was er meint. Man ahnte immer nur, dass seine Ideen gut waren. Auf meine Frage ‚Was bedeutet für Sie Teamarbeit?' hat er alle negativen Eigenschaften von Teams aufgezählt und für mich auch deutlich gemacht, dass er lieber allein in einem Einzelbüro arbeitet.

Und jetzt vergleichen Sie das mit den Anforderungen an unsere Stelle: Fast jedes Thema bearbeiten wir im Team. Unsere Experten müssen eng mit denen der Nachbarabteilung zusammenarbeiten. Aus diesem Grund haben wir ja auch eingeführt, dass die Bürotüren immer offen stehen sollen. Außerdem müssen unsere Mitarbeiter die Ergebnisse nicht nur erarbeiten, sie müssen sie auch vor dem Management vertreten und ihre Lösungen unseren Kunden erklären. Ehrlich gesagt, ich kann mir nicht vorstellen, dass Herr Arnold dazu fähig ist."

Selbst wenn Herr Arnold die Stelle bekommt, dann wird es für ihn schwer werden, sich zu behaupten. Er muss Fähigkeiten haben, die er vielleicht bei seinen bisherigen Arbeitgebern nicht brauchte: mit Kollegen reden können, im Team arbeiten und seine Chefs und Kunden von seinen Leistungen überzeugen.

In diesem Kapitel erhalten Sie Antworten auf die Fragen:

- Warum sind Soft Skills so wichtig?
- Was sind Soft Skills?

- Was ist emotionale Intelligenz?
- Welche Soft Skills brauche ich wann?

Soft Skills auf dem Vormarsch

Eine Umfrage unter 80 Personalchefs großer und mittelständischer Unternehmen zeigt, was viele intuitiv schon wissen: Soft Skills entscheiden heute genauso über den beruflichen Erfolg wie Fachwissen. Von den 80 Befragten gaben 52 % an, dass Soft Skills sogar wichtiger seien als Fachwissen und 43 % stellen Soft Skills in ihrer Bedeutung auf die gleiche Stufe wie Fachwissen. Nur für 5 % war das Fachwissen wichtiger.

Soft Skills und Fachwissen gleich wichtig Zu Beginn des Industriezeitalters waren Tugenden wie Fleiß, Ordnung und Pünktlichkeit gefragt. Seither hat sich viel verändert: Die Industriegesellschaft hat sich zu einer Dienstleistungs- und Informationsgesellschaft gewandelt. Heute entscheiden nicht nur die Produktionsverhältnisse über den wirtschaftlichen Erfolg eines Unternehmens. Genauso entscheidend ist, wie die Mitarbeiter untereinander und vor allem mit den Kunden sprechen. Unternehmen verlangen, dass ihre Beschäftigten überzeugend auftreten und über kommunikative Fähigkeiten verfügen. Flache Hierarchien und das Arbeiten in Projektteams machen Soft Skills wie Eigenmotivation, Einfühlungsvermögen und Konfliktfähigkeit unverzichtbar.

Komplexität von Produkten nimmt zu Heute sind Mitarbeiter mit solchen Soft Skills gefragt, denn sie helfen Unternehmen, den technologischen und gesellschaftlichen Wandel zu meistern. Die Komplexität selbst einfachster Produkte und Dienstleistungen nimmt zu und kaum ein Konzept, kaum eine Produktidee kann ohne die Abstimmung mit vielen Abteilungen entwickelt werden. Dieser Prozess ist nur dann erfolgreich, wenn sich die Beteiligten gegenseitig informieren, abstimmen und Interessen aushandeln können.

Immer mehr Unternehmen erkennen, wie wichtig die Soft Skills ihrer Mitarbeiter sind. Unternehmen, die auf die Entwicklung ihrer Mitarbeiter setzen, haben folgende Vorteile:

- Informationsaustausch und Abstimmung zwischen Abteilungen laufen besser.
- Mitarbeiter lernen voneinander und bauen gemeinsam Wissen auf.
- Die Teams in Abteilungen und Projekten arbeiten effektiver.
- Die Mitarbeiterzufriedenheit steigt, wenn die Kommunikation im Unternehmen gut läuft und Konflikte bewältigt werden.

Soft Skills sind gesucht, aber schwer zu fassen

Begriffe wie „Soft Skills" oder „Schlüsselkompetenzen" sind schon seit 15 Jahren in aller Munde. Dieter Mertens, ehemaliger Direktor des Instituts für Arbeitsmarkt- und Berufsforschung prägte in den 1970er-Jahren den Begriff der „Schlüsselkompetenzen", denn er erkannte, dass sich Fachwissen durch den technischen Fortschritt innerhalb eines Menschenlebens entwertet und Fähigkeiten wichtiger werden, mit denen Mitarbeiter ihre Qualifikation ständig erweitern. Lernbereitschaft und Lernfähigkeit sind die Schlüsselkompetenzen, mit denen sich Mitarbeiter an die ständige Veränderung im Arbeitsleben anpassen können.

Merksatz: „Soft Skills"
Der Begriff „Soft Skills" umfasst eine nicht genau definierte Reihe von menschlichen Eigenschaften, Fähigkeiten und Charakterzügen. Sie sind über das Fachwissen hinaus notwendig, um eine Aufgabe zu erfüllen, die eigenen Ziele durchzusetzen und mit anderen Mitarbeitern im Unternehmen und außerhalb gut zurechtzukommen.

Abbildung 1 zeigt, wie Soft Skills mit Fachwissen und methodischen Fähigkeiten zusammenhängen.

Abbildung 1: Soft Skills stehen im Mittelpunkt der Kompetenzen.

11

Fachwissen entsteht, indem Informationen zu bereits bestehendem Wissen hinzugefügt werden. Dazu gehören alle Wissensgebiete, die im Berufsleben eine Rolle spielen – angefangen beim technischen Wissen bis hin zum dem, das z. B. in Kunst und Politik erforderlich ist. Fachwissen ist erlernbar und wird in Schule, Lehre und Studium erworben.

Methodische Fähigkeiten Während das Fachwissen beschreibt, was zu tun ist, beschreiben methodische Fähigkeiten, wie Arbeitsaufgaben gelöst werden. Wichtige methodische Fähigkeiten sind: Fähigkeit zur Problemlösung, analytisches und strukturiertes Denken, Umgang mit Informationen, Erkennen von Zusammenhängen und Wechselwirkungen, systematisches und vernetztes Denken.

Fachwissen und methodische Fähigkeiten sind sog. harte Kompetenzen. Soft Skills dagegen sind weiche Fähigkeiten, die wir erwerben, indem wir mit anderen Menschen zusammenleben und mit ihnen kommunizieren. In der Sozialisation entwickeln wir die Fähigkeit, uns mit anderen Menschen unabhängig von Alter, Herkunft und Bildung verantwortungsbewusst auseinanderzusetzen und uns gruppen- und beziehungsorientiert zu verhalten – zusammenfassend auch bezeichnet als „soziale Kompetenz". Wir entwickeln aber auch die Fähigkeit, unsere eigene Begabung, Motivation und Leistungsbereitschaft zu entfalten – „Ich-Kompetenz" genannt.

Sozial- kompetenz Zur Sozialkompetenz gehört die Fähigkeit zur Kommunikation, Kooperation, Durchsetzung, Teamarbeit, Delegation, Konfliktaustragung und -lösung sowie Empathie. Zur Ich-Kompetenz gehört die Bereitschaft zur Selbstentwicklung, Selbstreflexion, Leistung, Offenheit, Risiko, die Fähigkeit zur Flexibilität, Glaubwürdigkeit, eigene Motivation zu entfalten, Identität zu entwickeln und zu erhalten.

Emotionale Intelligenz: So punkten Sie mit weichen Fähigkeiten

Im Leben und im Film gibt es sie, die intelligenten und fleißigen Schüler und die Sonnyboys. Die guten Schüler glänzen durch ihre Noten, versagen aber im Kontakt mit ihren Mitschülern. Die Sonnyboys haben zwar schlechte Noten, sind aber der soziale Mittelpunkt und die Wortführer in der Klasse.

Beide Schülertypen haben unterschiedliche Fähigkeiten entwickelt. Die intelligenten Schüler haben das, was man „kognitive Intelligenz" nennt: die geistige Fähigkeit, Zusammenhänge zu erkennen und Problemlösungen zu finden. Die Sonnyboys haben eine ganz andere Art von Intelligenz entwickelt: die emotionale Intelligenz.

Merksatz: Emotionale Intelligenz

Emotionale Intelligenz ist die Fähigkeit, intelligent mit eigenen Gefühlen und den Empfindungen anderer umzugehen. Der Grad der emotionalen Intelligenz zeigt sich darin, wie gut es gelingt, sich selbst wahrzunehmen, sich zu kontrollieren und zu motivieren, aber auch sich in andere einzufühlen.

Studien haben herausgefunden, dass Menschen erst dann erfolgreich sind, wenn kognitive und soziale Fähigkeiten zusammentreffen. Um erfolgreich im Job zu sein, brauchen Sie beides: kognitive und emotionale Intelligenz. Kognitive Intelligenz ist notwendig, um Sachaufgaben zu bewältigen: z. B. Konzepte zu erstellen, Produkte zu entwickeln oder Aufgaben und Prozesse zu strukturieren. Emotionale Intelligenz ist notwendig, um Gespräche zu führen, Meetings zu leiten, Ergebnisse zu präsentieren oder Menschen zu überzeugen. Tabelle 1 zeigt die Merkmale von kognitiver und emotionaler Intelligenz.

Kognitive Intelligenz	Soziale Intelligenz
Nachdenken, grübeln	Assoziieren
Alle Fakten sammeln	Neue Ideen finden
Sinn erkennen	Sinn stiften
Nach Logik entscheiden	Entscheiden nach Versuch und Irrtum
Zeit und Ruhe	Tempo, Ungeduld
Vom Kopf her	Aus dem Bauch heraus
Harte Fakten	Weiche Informationen
Analytisch	Ganzheitlich
Vom Verstand geleitet	Nach Gefühl
Links-hemisphärisch	Rechts-hemisphärisch
Wenn und Aber	Hier und Jetzt
Abwägen	Spontan entscheiden
Denken	Empfinden
Prüfen, überprüfen	An die Richtigkeit der eigenen Entscheidung glauben
Worte und Zahlen	Menschen und Situationen
Vergangenheit verstehen	In die Zukunft hineinwirken
Logik	Psycho-Logik
Kalt, klar	Warm, verschwommen

Kognitive Intelligenz	Soziale Intelligenz
Distanziert	Eingebunden
Egozentrisch	Gruppenorientiert
Isoliert	Verbunden
Verstand	Gefühl
Bildung	Herzensbildung

Tabelle 1: Kognitive und emotionale Intelligenz zusammen machen Menschen erfolgreich.

Nette, liebe und verständnisvolle Menschen werden von ihren Kollegen geschätzt, aber das allein reicht nicht aus, um erfolgreich zu sein. Erst dann, wenn Sie mit Ihren Kollegen gut auskommen und gleichzeitig Ihre Interessen und die Interessen Ihrer Abteilung durchsetzen können, haben Sie Erfolg. Im Beruf sind Sie dann sozial kompetent, wenn Sie Ihre sozialen Fähigkeiten einsetzen, um Ihren Job gut zu machen.

Dazu müssen Sie Folgendes können:

Professionell kommunizieren: Es reicht nicht, dass Sie nach einem Gespräch feststellen: „Es war schön, dass wir miteinander geredet haben." Professionell wird ein Gespräch dadurch, dass Sie damit ein Ziel erreichen. Nach jedem Gespräch müssen Sie sich sagen können: „Durch das Gespräch habe ich Folgendes erreicht: ..."

Andere einschätzen: Sympathisch wirkende Menschen müssen nicht unbedingt verlässlich sein und herumpolternde Chefs können durchaus auch für ihre Mitarbeiter einstehen. Sie können andere dann richtig einschätzen, wenn Sie Ihre Kollegen, Chefs und Kunden beobachten, Ihre Wahrnehmungen bewerten und daraus die richtigen Schlussfolgerungen für Ihr Handeln ziehen.

Menschen verstehen: Menschenkenntnis ist die Fähigkeit, sich in die Gedankenwelt anderer hineinzuversetzen. Diese Fähigkeit wird mit dem Begriff „Empathie" bezeichnet.

Prozesse und Strukturen erfassen: Menschen zu verstehen reicht allein nicht. Sie müssen durchschauen, wie Menschen zusammenspielen, wie sich soziale Prozesse entwickeln und was sich in der Gefühlswelt der Beteiligten abspielt.

Soziale Beziehungen managen: Jede Arbeitsbeziehung hat auch eine soziale Komponente. Viele Sachthemen können Sie leichter bewältigen, wenn Sie eine gute soziale Beziehung zu den Menschen in Ihrem Berufsumfeld haben. Bei guten sozialen Beziehungen gilt Ihr Wort etwas und

Sie haben einen Draht zu den Menschen, mit denen Sie im Unternehmen etwas bewegen.

Sich durchsetzen können: „Frau Mayer ist eine richtige Expertin und beeindruckende Persönlichkeit. Mit ihr kommt man gut aus, aber sie kann sich auch durchsetzen." Sagt ein Kollege so etwas über Sie, bescheinigt er Ihnen Durchsetzungsvermögen. Sie zeigen auch Verständnis für die Interessen anderer, können aber auch heikle Themen anpacken, wenn Sie damit Ihre Ziele erreichen. Dabei geht es nicht um das Durchboxen der eigenen Interessen. Ihre soziale Kompetenz zeigt sich darin, wie Sie Grenzen setzen und die eigenen Ziele verfolgen, ohne dabei andere Menschen zu verletzen und langfristige Kooperationen zu gefährden.

Einfluss nehmen: Einfluss können Sie nehmen, wenn Sie sich in Ihrem Team gut positioniert haben und mit Ihrer Kompetenz im Unternehmen anerkannt sind.

Sich überzeugend darstellen: Es ist die Tragik vieler Experten, dass man ihren Wert unterschätzt. Man sieht in ihnen den Profi, aber nicht denjenigen, der Projekte voranbringt, Maßnahmen durchsetzt und andere überzeugt. Sozial kompetente Experten dagegen können ihr Wissen ins Rampenlicht stellen, überzeugend auftreten und sich als eine „Expertenpersönlichkeit" im Unternehmen etablieren.

Soft Skills begleiten den Arbeitsalltag

Ihre Soft Skills zeigen Sie dort, wo Sie etwas tun. Und dazu haben Sie täglich eine fast unerschöpfliche Fülle von Gelegenheiten: Sie holen Informationen ein, besprechen Probleme mit Kollegen und handeln Interessen aus. Sie kommunizieren im persönlichen Gespräch und am Telefon. Sie arbeiten mit anderen Menschen zusammen: in einem Projektteam, in einer Arbeitsgruppe und in Workshops. Last but not least müssen Sie andere Menschen für sich gewinnen, wenn Sie Ergebnisse präsentieren, Kunden überzeugen oder diejenigen, die Ihre Arbeitsergebnisse nutzen.

Dabei brauchen Sie nicht immer alle Ihre Soft Skills in gleichem Maße. Es ist ein Unterschied, ob Sie sich nur mit einem Kollegen besprechen oder im Team mit anderen Kollegen zusammenarbeiten, ob Sie Ergebnisse in einem Workshop erarbeiten oder vor dem Management präsentieren. Es ist etwas anderes, wenn Sie Interessen aushandeln oder den Austausch mit Kollegen pflegen. In jeder sozialen Arbeitssituation sind andere soziale Fähigkeiten gefragt. In Abbildung 2 ist dargestellt, welche Soft Skills in welchen Situationen im Vordergrund stehen.

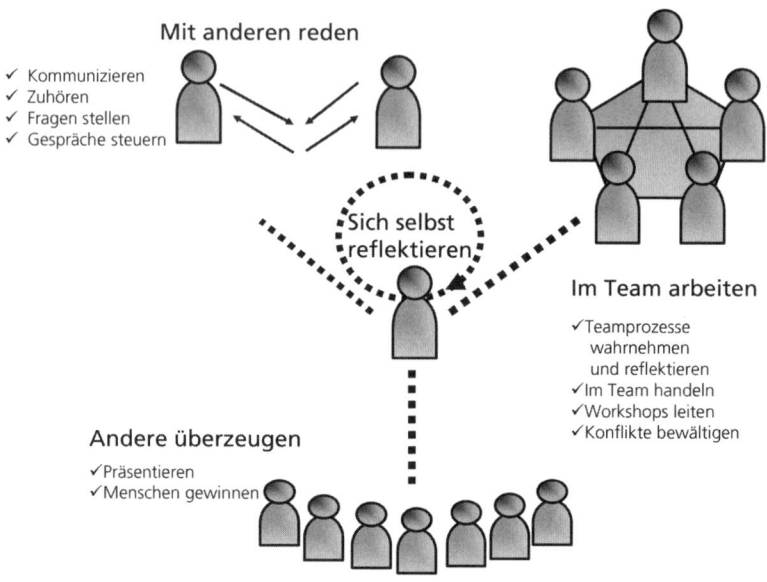

Andere überzeugen

Abbildung 2: Immer wieder stehen andere Soft Skills im Vordergrund.

Mit anderen reden: Immer dann, wenn die Kommunikation zwischen Ihnen und einem Kollegen klappt, läuft die Arbeit besser, sind Informationen leicht zu bekommen und Abstimmungen unproblematisch. Professionell kommunizieren Sie, wenn Sie es nicht dem Zufall überlassen, welches Ergebnis dabei herauskommt. Sie wissen, worauf es in der jeweiligen Gesprächssituation ankommt, stellen sich darauf ein und handeln so, wie es der Situation angemessen ist.

Im Team arbeiten: Erfolgreiche Teamarbeit ist kein Zufall. Aus vielen Erfahrungen weiß man, welche Bedingungen vorliegen müssen, damit Menschen in Gruppen erfolgreich zusammenarbeiten. Erfolgreich im Team sind Sie, wenn Sie die Gruppenprozesse wahrnehmen und interpretieren können, sich selbst mit Ihren Fähigkeiten in das Team einbringen und die Zusammenarbeit aktiv mitgestalten. Als Teamleiter oder Moderator von Gruppenprozessen sind Sie erfolgreich, wenn Sie den Arbeitsprozess auf der sachlichen und emotionalen Ebene steuern können. Dazu gibt es Arbeitstechniken. Sie zu kennen und anzuwenden ist der Erfolgsfaktor für die Leitung von Teams, Arbeitsgruppen und Workshops.

Andere gewinnen: Überzeugen muss Ihr Konzept, Ihr Produkt oder Ihre Dienstleistung. Aber sie tut dies nicht von allein. Sie als der Schöpfer oder Experte eines Fachgebiets müssen Ihre Ergebnisse „verkaufen". Dabei geht es nicht darum, diese marktschreierisch anzupreisen, sondern darum, die Argumente zu finden, die Ihre Zielgruppe überzeugen.

Zusammenfassung

Ihr Erfolg mit Soft Skills:

- In der Informations- und Wissensgesellschaft sind Soft Skills wichtig, weil Sie sich mit Ihren Kollegen abstimmen, im Team arbeiten und andere für Ihre Ergebnisse gewinnen müssen.

- Soft Skills sind menschliche Eigenschaften, Fähigkeiten und Persönlichkeitsmerkmale, die sich während der Sozialisation entwickeln.

- Die soziale Kompetenz befähigt dazu, sich verantwortungsbewusst mit anderen auseinanderzusetzen und sich gruppen- und beziehungsorientiert zu verhalten.

- Durch die Ich-Kompetenz entfaltet sich die eigene Begabung, Motivation und Leistungsbereitschaft.

- Erfolgreich im Job zu sein heißt, eine gute Fachkompetenz und ausgeprägte methodische Fähigkeiten sowie eine große emotionale Intelligenz zu besitzen, um intelligent mit eigenen Gefühlen und den Empfindungen anderer umzugehen.

Mit anderen reden

Wir kommunizieren, um Informationen zu erhalten, Arbeitsergebnisse zu bewerten oder Interessengegensätze auszuhandeln. Jede Kommunikation im Arbeitsleben hat ein Ziel: Wir wollen Sachverhalte übermitteln, die beim Kommunikationspartner etwas bewirken – sei es, dass er uns Informationen gibt, unseren Standpunkt akzeptiert oder eine Aktivität beginnt.

Wie unterschiedlich jedoch das Ergebnis eines Gesprächs sein kann, zeigen die folgenden beiden Beispiele.

Zwei Gespräche

Zwei Kollegen – einer aus der Marketing-, der andere aus der Fachabteilung – sitzen sich gegenüber. Beide sind in ihre Unterlagen vertieft. Der Marketingexperte erklärt sein Anliegen: Er möchte die Unterstützung seines Kollegen bei der Analyse für die Marktchancen einer Produktidee und startet das Gespräch mit folgendem Satz: „Ich brauche von Ihnen …" – und dann folgt eine lange Aufzählung von Punkten mit vielen Abkürzungen und Fachbegriffen. Sein Kollege aus der Fachabteilung erläutert ausführlich seine Schwierigkeiten und Probleme, mit denen er zu kämpfen hat, und dass es schwer sein wird, die erforderlichen Daten zu ermitteln. Nach einer Stunde trennen sich die beiden – doch alles ist offen. Weder weiß der Mitarbeiter aus der Marketingabteilung, ob er die Unterstützung der Fachabteilung hat, noch der Mitarbeiter aus der Fachabteilung, was eigentlich von ihm erwartet wird. Unzufrieden sind beide …

Ein anderes Gespräch:

Nils, Mitarbeiter aus dem Controlling, kommt schon lange nicht mehr mit den Anforderungen der Marketingabteilung klar. Alle Business Cases, die er bis jetzt berechnet hat, werden kritisiert: „Sie arbeiten den wirtschaftlichen Nutzen nicht klar genug heraus!", war der Kommentar der Marketingabteilung. Nils ist verzweifelt, weil er nicht weiß, was er anders machen soll. Gabriele, die Projektleiterin für das Innovationsprojekt Saturn, hat bisher auch nur schlechte Erfahrungen mit dem Controlling gemacht und kommt zu dem Schluss „Das Controlling liefert einfach nicht das, was es liefern soll." Sie hat jedoch erkannt, dass sie mit Nils reden muss, wenn sich etwas ändern soll. Sie sagt zu Nils: „Können wir uns zwei Stunden Zeit nehmen, um zu besprechen, wie wir die Zusammenarbeit verbessern können?" Es war ein intensives Gespräch. Gabriele hat sich durch viele Fragen ein ausführliches Bild von Nils' Situation gemacht. Sie konnte Nils dann in seiner Sprache erklären, was sie benötigt. Nachdem das alles geklärt war, lieferte Nils beim nächsten Mal einen Businessplan ab, von dem Gabriele geradezu begeistert war.

Missverständnisse gehören dazu Missverständnisse gehören zur Kommunikation, da Menschen jeweils andere Erfahrungen haben, verschieden denken und unterschiedlich fühlen. Wir kommunizieren, um Sachinhalte zu übermitteln. Aber ohne dass wir es wollen, schwingen Gefühle, unausgesprochene Forderungen und unsere Beziehung zum Gesprächspartner mit. Im Gespräch mit anderen müssen wir durch intensives Zuhören und Fragen sicherstellen, dass wir unseren Gesprächspartner auch richtig verstehen, und durch Wiederholungen und Zusammenfassungen alles dafür tun, damit uns unser Gesprächspartner richtig versteht. „Die Nachricht entsteht beim Empfänger", sagt der Kommunikationswissenschaftler Schulz von Thun. Nicht das, was wir sagen, bestimmt die Kommunikation, sondern das, was der Gesprächspartner hört.

Wie dies geht, zeigen die folgenden Kapitel:

- Kommunikation unter der Lupe: So funktioniert „miteinander reden"
- Gespräche im Fokus: Durch Zuhören und Fragen Interesse zeigen
- Kommunikationspraxis: Gesprächssituationen im Arbeitsalltag

Kommunikation unter der Lupe: So funktioniert Miteinander-Reden

Es genügt nicht, dass man zur Sache spricht,
man muss auch zu den Menschen sprechen.
(Stanislaw Jerzy Lec, polnischer Aphoristiker)

Ein stiller Dialog

In der Empfangshalle sitzen zwei Gäste. Einer liest und der andere blickt ziellos umher. Plötzlich unterbricht der Gast, der in der Firmenbroschüre liest, seine Lektüre, schaut auf und blickt den anderen Gast an. Dieser nimmt dies wahr und sieht in eine andere Richtung. Der ungesprochene Dialog könnte so lauten: Lesender Gast: „Ich möchte mit Ihnen sprechen". Der andere: „Ich aber nicht mit Ihnen."

Menschen kommunizieren immer Sobald zwei Menschen sich gegenseitig wahrnehmen, interpretieren sie das Verhalten des jeweils anderen und reagieren darauf. „Menschen können nicht nicht kommunizieren," lautet das 1. Axiom der Kommunikation von Paul Watzlawick. Das heißt: Immer dann, wenn wir in einer sozialen Situation sind, kommunizieren wir – selbst dann, wenn wir nicht sprechen.

Es gibt fast keine berufliche Situation, in der wir nicht kommunizieren: Wir arbeiten mit Kollegen zusammen, sprechen mit Vorgesetzten, verhandeln mit Kunden und Geschäftspartnern. Untersuchungen zeigen, dass die meisten Menschen 50 bis 75 % ihres Arbeitstages kommunizieren und davon 80 % mündlich. Der Erfolg dessen, was wir tun, hängt damit davon ab, was wir sagen und wie wir es sagen.

In diesem Kapitel erhalten Sie Antworten auf die folgenden Fragen:

- Was passiert zwischen zwei Gesprächspartnern, wenn sie miteinander reden?
- Wie kommen Botschaften bei einem Gesprächspartner an?
- Was fördert und was behindert die Kommunikation?
- Wann kommuniziere ich erfolgreich?

Jede Nachricht hat vier Seiten

„Wie reden Menschen mit Menschen? Aneinander vorbei." Das, was Kurt Tucholsky hier auf den Punkt bringt, erleben wir täglich. Warum dies so ist und wie man statt aneinander vorbei miteinander redet, erklärt die Kommunikationspsychologie.

Schulz von Thun bezeichnet die Beteiligten in der Kommunikation als „Sender" und „Empfänger". Jeder Partner im Gespräch ist in der Rolle des Senders, wenn er etwas mitteilt, und in der Rolle des Empfängers, wenn er etwas wahrnimmt. Die Kommunikation geht vom Sender aus und übermittelt an einen Empfänger eine Nachricht. Dieser interpretiert sie und antwortet darauf. Wenn der Empfänger antwortet, dann wird er zum Sender einer neuen Nachricht. *Sender und Empfänger*

Das Paket, das der Sender an den Empfänger schickt, hat vier unterschiedliche Aspekte. Diese sind:

- Sachaspekt
- Beziehungsaspekt
- Selbstoffenbarungsaspekt
- Appelaspekt

Das Kommunikationsmodell ist in Abbildung 3 dargestellt.

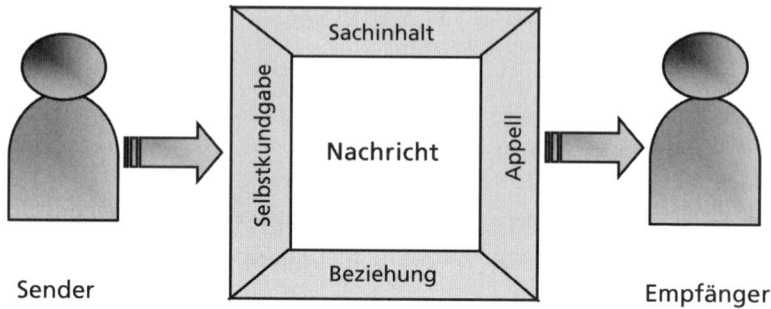

Abbildung 3: Schulz von Thuns Kommunikationsmodell sagt:
Jede Nachricht hat vier Seiten.

Die folgende Nachricht betrachten wir jetzt unter der kommunikationswissenschaftlichen Lupe: Ein Kollege und eine Kollegin teilen sich ein Büro. Das Telefon klingelt. Sie sagt: „Herr Kollege, Ihr Telefon klingelt."

Der Sachaspekt: Damit informiert der Sender, die Kollegin, den Empfänger, ihren Kollegen, über eine Sachlage: „Das Telefon klingelt."

Die Selbstoffenbarung: Durch die Nachricht erfahren wir auch etwas über den Sender, mag dies auch noch so banal sein, wie in diesem Beispiel: Die Zimmerkollegin kann hören, ist aufmerksam und mitteilungsbedürftig. „Selbstenthüllung" nennt man dabei den Teil der Selbstoffenbarung, der unbewusst geschieht, und „Selbstmitteilung" den Teil, den wir bewusst mitteilen. Vor allem durch die Mimik, Gestik und Kleidung zeigen wir dem Empfänger: „So bin ich."

Beziehung: Eine Nachricht teilt auch mit, in welchem Verhältnis Sender und Empfänger zueinander stehen. Aus der Beziehung können wir schließen, ob die beiden Kollegen freundschaftlich zueinander stehen oder im Streit liegen. In unserem Beispiel könnte es eine freundschaftlich-fürsorgliche Beziehung sein. Denn die Kollegin macht ihren Kollegen auf das Klingeln des Telefons aufmerksam. Der Beziehungsaspekt sagt: „So stehen wir zueinander."

Appell: Mit dem Appell nimmt der Sender Einfluss auf den Empfänger und macht deutlich, was er tun soll. Die Zimmerkollegin möchte, dass ihr Kollege das Telefon abnimmt. Der Appell in diesem Beispiel lautet: „Nehmen Sie Ihr Telefon ab!" Oft wird der Appell nicht offen ausgesprochen, sondern ist, wie in meinem Beispiel, in einer Sachaussage versteckt:

Auf diese Weise werden mit einem Satz, „Ihr Telefon klingelt", vier verschiedene Botschaften mitgeteilt: „Ich bin aufmerksam und mitteilungs-

bedürftig und sage dir, dass dein Telefon klingelt, weil ich für dich mit-
denke, und ich möchte, dass du das Telefon abnimmst."

Vier Ohren hören eine Nachricht

„Erst wenn die Nachricht beim Empfänger angekommen ist, weiß ich,
was ich gesagt habe", sagt Schultz von Thun. Die Nachricht ist dann
beim Empfänger angekommen, wenn dieser sie gehört und verstanden
hat und idealerweise auch damit einverstanden ist.

Die vier einzelnen Aspekte des Nachrichtenpakets kommen
zwar gemeinsam beim Empfänger an, aber dieser nimmt
nicht alle Aspekte in der gleichen Art und Weise wahr. So
wie der Sender vier Sendekanäle hat, so besitzt auch der Empfänger vier
Empfangskanäle oder, wie Schulz von Thun sagt, vier Ohren.

*Vier Empfangs-
kanäle*

• Sachohr
• Beziehungsohr
• Selbstoffenbarungsohr
• Appellohr

Sachohr: Es versucht zu ermitteln: „Was genau sagt sie?"

Selbstoffenbarungsohr: Es fragt: „Was ist das für eine?", „Was ist mit ihr
los?"

Beziehungsohr: Mit ihm ergründet der Empfänger, wie der Sender zu
ihm steht: „Wie redet sie mit mir?", „Was glaubt sie, wen sie vor sich hat?"

Appellohr: Es ist darauf trainiert, verdeckte Appelle zu erkennen: „Was
soll ich tun?", „Was soll ich denken?", „Was soll ich fühlen?"

Die Ohren des Kollegen könnten die folgenden Botschaften gehört haben.

• Sachohr: „Das Telefon klingelt."
• Selbstoffenbahrungsohr: „Sie langweilt sich."
• Beziehungsohr: „Sie bevormundet mich."
• Appellohr: „Nimm das Telefon ab."

Den Satz „Ihr Telefon klingelt" könnte der Kollege so interpretiert haben: „Ihre Arbeit langweilt sie und sie sucht Abwechslung, und außerdem muss sie immer für mich mitdenken. Deshalb soll ich jetzt das Telefon abnehmen."

Zuhören ist nicht passiv, sondern durch Zuhören entscheiden
wir aktiv, auf welchen Aspekt des Kommunikationspakets wir

*Zuhören ist
immer aktiv*

hören. Missverständnisse kommen hauptsächlich dadurch zustande, dass Sender und Empfänger das Gewicht auf unterschiedliche Aspekte legen.

Dies verdeutlicht die Antwort des Zimmerkollegen auf die Nachricht seiner Zimmerkollegin: Er sagt gereizt: „Ja, Frau Kollegin, ich habe es gehört."

Über den Sachinhalt haben beide Kollegen keinen Zweifel. Das Telefon klingelt. Jedoch sehen die beiden ihre Beziehung völlig anders. Während die Kollegin die Beziehung als unterstützende Partnerschaft sieht, ist ihrem Kollegen seine Eigenständigkeit wichtig und er grenzt sich gegen seine Kollegin ab. Sein Selbstoffenbarungsohr bewertet die Aufmerksamkeit der Kollegin negativ und hört eine Bevormundung heraus. Und der Appell ist aus seiner Sicht keine freundliche Aufforderung, sondern ein Befehl.

Als Antwort hätte die Kollegin eher das Wort „Danke" erwartet. Stattdessen sendet ihr der Kollege folgendes Nachrichtenpaket:

- Sachaspekt: „Ja, ich höre es auch."
- Beziehungsaspekt: „Ich brauche deine Unterstützung nicht."
- Selbstoffenbarung: „Ich bin beschäftigt, muss mich konzentrieren und jedes Geräusch und jede Bemerkung nerven mich."
- Appell: „Bitte lass mich in Ruhe."

Übung: Analysieren Sie einen Dialog

Nehmen Sie eine Kommunikationssituation aus Ihrem Alltag. Schreiben Sie den kurzen Dialog auf und beantworten Sie dann die folgenden Fragen:

- Welcher Sachinhalt wurde vermittelt?
- Was sagen die Gesprächspartner über sich selbst aus?
- In welcher Beziehung stehen die beiden zueinander?
- Welcher offene oder versteckte Appell wurde ausgeprochen?
- Mit welchem Ohr hat der Empfänger die Nachricht hauptsächlich gehört?

Das Präferenzohr Jeder hat ein sog. Präferenzohr: Menschen, die vorwiegend auf dem Sachohr hören, nehmen meist nicht wahr, dass in einer Sachinformation auch eine Aussage zur Beziehung steckt. Wenn das Selbstoffenbarungsohr besonders hellhörig ist, wird die Nachricht genutzt, um den Sender zu beurteilen. Empfänger, die vorwiegend auf dem Beziehungsohr hören, suchen in jeder Sachaussage eine Bestäti-

Sprechen Sie von sich

Welcher der beiden Sätze könnte von Ihnen sein? „Wenn Sie so leise reden, versteht man Sie nicht!" Oder: „Ich verstehe Sie nicht, wenn Sie so leise reden." Wir haben die Tendenz, persönlich eher im Hintergrund zu bleiben, als unsere persönlichen Anliegen auch persönlich zu formulieren. So kleiden wir unsere Nachrichten in „Man"-Sätze. Diese sind unpersönlich und drücken Distanz aus. Mit einem „Ich-Satz" bringen Sie sich als Person ins Gespräch. Er gibt wieder, wie Sie das Verhalten Ihres Gesprächspartners erleben. Diese Formulierung lässt den Handlungsspielraum offen und der Gesprächspartner fühlt sich nicht angegriffen oder bei einem Fehler ertappt.

Ich-Sätze verwenden

Mit den Worten „Du" und „Sie" sprechen Sie Ihren Gesprächspartner persönlich an. Sie werden aber schnell zu Angriffen, wenn dem Gesprächspartner dadurch die Schuld für ein Verhalten zugeschrieben wird. Der Satz „Sie reden zu leise!" gibt dem Gesprächspartner allein die Schuld dafür, dass er nicht verstanden wird.

Du-Sätze sind Angriffe

Das Verhältnis von Du- und Ich-Aussagen ist kein rein sprachliches, sondern spiegelt auch die Beziehungsebene zwischen den Gesprächspartnern wider. Die Du-Aussage drückt ein hierarchisches Verständnis der Beziehung aus. Der Gesprächsführende drückt damit aus, „dass er immer die Oberhand" behalten muss, er begreift seinen Gesprächspartner potenziell als Rivalen. Bei der Ich-Aussage ist der Grundzug des Verhältnisses partnerschaftlich. Die Grundhaltung zwischen beiden Gesprächspartnern ist vertrauensvoll. Beide unterhalten sich auf gleicher Augenhöhe.

Hierarchie wird deutlich

Ich-Aussagen haben Vorteile:

Vorteile der Ich-Aussagen

- Sie wirken weniger bedrohlich als „Du"- und „Sie"-Sätze, denn sie schildern nur die Wirkung, die eine Handlung hat.

- Ich-Aussagen sind aufrichtiger und ermuntern dadurch den Gesprächspartner ebenfalls dazu, „Ich"-Aussagen zu machen. Dies fördert die gegenseitige Offenheit im Gespräch.

- Eine Ich-Botschaft bringt den Gesprächspartner auch nicht in die unangenehme Lage, sich für seine Handlungen und Aussagen rechtfertigen zu müssen. Der Gesprächspartner kann bei einer „Ich"-Aussage immer selbst entscheiden, ob er dafür die Verantwortung übernimmt oder nicht.

Übung: Unpersönliche Formulierungen entlarven

Ertappen Sie sich selbst bei unpersönlichen Formulierungen.

Und das geht so: Nehmen Sie sich nach jedem Gespräch fünf Minuten Zeit. Lassen Sie das Gespräch Revue passieren und spüren Sie unpersönliche Formulierungen auf, die Sie verwendet haben. Nach einigen Gesprächen klappt dies auch schon während des Gesprächs. Sie merken schon, bevor Sie zu einer unpersönlichen Formulierung ansetzen, dass hier eine persönliche Formulierung besser passt.

Sprechen Sie positiv

„Wirf das Weinglas nicht um!", sagt die Frau zu ihrem Mann. Dieser erwidert: „Ich pass schon auf." Und zwei Minuten später fällt das Weinglas vom Tisch. Was ist passiert?

Negative Formulierungen schränken ein Negative Formulierungen sagen nichts darüber aus, was man tun soll. Sie schränken den Gesprächspartner ein. Er erfährt, was er nicht tun soll, aber nicht, was er stattdessen tun soll. Die Frau lenkt die Aufmerksamkeit ihres Mannes auf das Weinglas und verunsichert ihn. Und dies ist die Mischung, die dann den „Unfall" verursacht.

Positive Formulierungen geben Sicherheit Positive Formulierungen lenken die Aufmerksamkeit auf den Gesprächsgegenstand und sagen, was der Gesprächspartner tun soll. Sie geben ihm Sicherheit. Die Ehefrau hätte den gleichen Sachverhalt positiv mit diesem Satz formulieren können: „Bitte stell dein Weinglas vom Tischrand weg."

Positives Sprechen formuliert ein für den Gesprächspartner vorstellbares und wünschenswertes Verhalten. Negative Formulierungen sind demotivierend. Denn wer die Aufmerksamkeit auf einen Fehler oder ein Fehlverhalten lenkt, rückt sein Gegenüber in ein schlechtes Licht. Selbst wenn Sie über ein Verhalten sauer sind, bringt es Sie keinen Schritt weiter, wenn Sie Ihren Gesprächspartner verärgern. Das erzeugt bei ihm Abwehr und Trotz.

Beispiele für negatives Sprechen Negative Formulierungen werden mit den Wörtern „nein", „nicht", „kein" und „ohne" gebildet. Negative Formulierungen entstehen auch, wenn positive Verben oder Adjektive mit negativen Vor- oder Nachsilben verbunden werden: un-angreifbar, un-fehlbar, makel-los.

Übung: Suchen Sie nach negativen Formulierungen

Beobachten Sie Verbote und negative Formulierungen in Ihrem Arbeitsalltag oder auch in Ihrer privaten Umgebung. Formulieren Sie jedes Verbot und jede negative Formulierung in einen positiven Satz um.

Hier habe ich einige Beispiele zusammengestellt:

* „Warum hat das nicht geklappt?" Besser: „Was können wir tun, dass dies das nächste Mal nicht mehr vorkommt?"

* „Dafür bin ich nicht zuständig." Besser: „Dafür ist Frau Mayer zuständig. Wenn Sie möchten, informiere ich sie, damit sie sich mit Ihnen in Verbindung setzt."

* „Ich komme nicht gerne zu spät." Besser: „Ich möchte pünktlich sein."

Tipp: Vermeiden Sie Drohungen

Vermeiden Sie Drohungen, denn sie sind ebenfalls negative Formulierungen, die meist nicht das erreichen, was man sich von ihnen wünscht. Zeigen Sie statt einer Drohung die Konsequenz auf, die das Verhalten Ihres Gesprächspartners hat. Sagen Sie nicht: „Wenn Sie mir die Ergebnisse nicht innerhalb von einem Tag liefern, werde ich sie über den Abteilungsleiter einfordern." Sondern: „Sobald Sie mir die Ergebnisse geliefert haben, werde ich sie in den Bericht einarbeiten, den unsere Abteilungsleiter verabredet haben."

Selbst wenn Sie negative Formulierungen vermeiden, werden Sie mit Negativformulierungen Ihrer Kollegen oder Kunden konfrontiert: Gängige Formulierungen sind: „Keine Zeit", „Kein Interesse", „Kein Budget". Diese Einwände sind Killer-Argumente, die nur ein Ziel haben: das Gespräch abzubrechen. In den meisten Fällen müssen Sie jedoch Ihre Kollegen oder Kunden vom Thema oder Ihrem Produkt überzeugen. In diesem Fall können Sie auf diese Einwände mit einer „Was-wäre-wenn-Formulierung" reagieren, wie zum Beispiel mit der folgenden: „Wann haben Sie Zeit, damit wir über das Thema sprechen können?"

Reaktion auf negative Formulierungen

Zusammenfassung

Ihre Kommunikationskompetenz:

* Hören Sie genau hin, wenn Ihnen jemand etwas sagt. Außer der Sachinformation sagt er ihnen noch etwas von sich, seiner Beziehung zu Ihnen und übermittelt ihnen einen Appell.

- Überprüfen Sie Ihre innere Einstellung zum Gespräch und zum Gesprächspartner. Wenn Sie Ihre Kommunikationsfilter kennen, können Sie Ihrem Gesprächspartner offener und aufmerksamer folgen.
- Verwenden Sie Ich-Aussagen. Es sind persönliche Botschaften, die den Gesprächspartner ermuntern, ebenfalls offener zu sein und mehr von sich zu sagen.
- Verwenden Sie positive Formulierungen. Damit erzeugen Sie bei ihm positive Bilder und richten seine Aufmerksamkeit auf das Ziel.

Gespräche im Fokus: Durch Zuhören und Fragen Interesse zeigen

Erfolgreiche Menschen beschäftigen sich mit den Interessen der Anderen, der erfolglose und der gewöhnliche Mensch vorwiegend mit seinen eigenen Interessen.
(Alfred Adler, österreichischer Arzt und Psychotherapeut)

Gespräche führen wir täglich: mit unserem Partner, den Kindern und dem Nachbarn, mit Verkäufern, Handwerkern und Sportskollegen – und natürlich – am Arbeitsplatz. Es gibt fast keine soziale Situation, in der keine Gespräche geführt werden. Die Palette reicht dabei vom Small Talk bis hin zu Verhandlungen. Selbst dann, wenn wir mit dem Gespräch kein konkretes Ziel verfolgen, entscheidet das Gespräch darüber, ob wir der anderen Person nähergekommen sind oder ob wir uns vom anderen entfernt haben. In Gesprächen im Job geht es nicht darum, sich zu unterhalten, sondern jeder der Gesprächspartner will etwas erreichen.

In diesem Kapitel erhalten Sie Antworten auf die folgenden Fragen:

- Was ist Gesprächsführung?
- Warum ist Zuhören so wichtig?
- Wie steuere ich Gespräche?

Gesprächsführung macht Gespräche professionell

Wer in seinem Job erfolgreich sein will, darf Gespräche nicht dem Zufall überlassen. Denn Gespräche entscheiden darüber, ob man Informationen bekommt, einen Sachverhalt klärt oder einen Auftrag erhält.

Merksatz: Professionelle Gesprächsführung

Professionelle Gesprächsführung heißt, Informationen zu übermitteln, Sachverhalte zu klären und Probleme zu lösen. Im professionellen Gespräch kommt es allerdings nicht nur darauf an, Sachverhalte korrekt weiterzugeben oder zu klären, sondern auch darauf, ein positives Gesprächsklima zu schaffen.

Gut geführte Gespräche zeichnen sich dadurch aus, dass es Sach- und gelingt, eine Beziehung zum Gesprächspartner aufzubauen, emotionale innerhalb derer das Sachthema in all seinen Facetten bespro- Ebene chen werden kann. Jedes Gespräch wird immer auf zwei Ebenen geführt: Auf der Sachebene und auf der emotionalen Ebene. Auf der Sachebene werden Informationen übermittelt, Sachverhalte geklärt und Probleme gelöst. Auf der emotionalen Ebene müssen die Gesprächspartner einen Kontakt zueinander aufbauen. Erst dann werden die Sachthemen emotional nachvollzogen und akzeptiert.

In einem professionellen Gespräch sollte immer einer der Ge- Gesprächs- sprächspartner die Gesprächsführung haben. In einem Inter- führer und view ist es der Interviewer, in einem Kundengespräch der Bera- -partner ter oder Verkäufer und in einem Mitarbeitergespräch die Führungskraft. Der Gesprächsführer strukturiert das Gespräch, stellt Fragen und sorgt auf der Beziehungsebene dafür, dass er einen guten Kontakt zu seinem Gesprächspartner hat.

Als Gesprächsführer geben Sie Impulse und führen durch Fra- Gesprächsfaden gen. Während Sie zuhören, redet Ihr Gesprächspartner: Er gibt durch Fragen Antworten auf Fragen, informiert über Sachverhalte oder stellt und Zuhören Dinge aus seiner Sicht dar. Aus dem Wechsel von Fragen und Zuhören entsteht der Gesprächsfaden. Beide Bereiche ergänzen sich gegenseitig. Abbildung 4 stellt dar, wie Sie durch Fragen das Gespräch führen und durch Zuhören den Kontakt zu Ihrem Gesprächspartner halten.

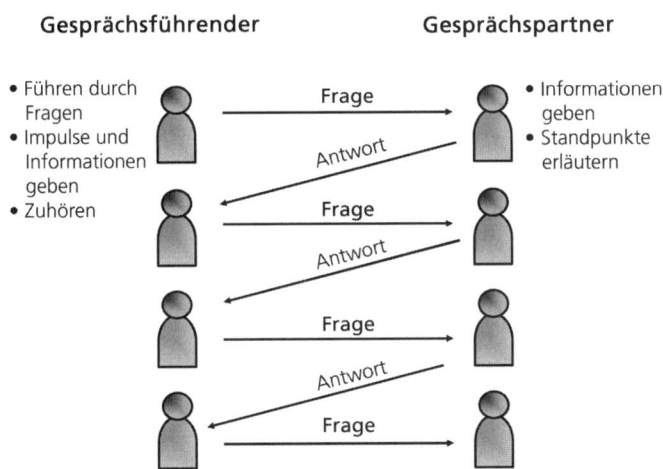

Abbildung 4: Gespräche werden durch Fragen geführt und durch Zuhören begleitet.

Erst Kontakt, dann Sachfragen Bevor Sachfragen besprochen werden können, müssen Sie mit Ihrem Gesprächspartner in Kontakt sein. Denn Nicht-in-Kontakt-Sein bedeutet, dass keine sachliche und emotionale Ausgangsbasis für das Gespräch besteht. Indem Sie sich um den Kontakt bemühen, zeigen Sie Interesse an der Person Ihres Gesprächspartners. Menschen, die miteinander in Kontakt sind, bewerten sich tendenziell positiv und neigen dazu, sich zu vertrauen

Nutzen Sie Pacing „Pacing" oder Spiegeln ist eine Methode, die die Kontaktaufnahme mit Ihrem Gesprächspartner unterstützt. Pacing macht sich folgende Tatsache zunutze: Treten Menschen miteinander in Kontakt, passen sie unbewusst ihre verbale und nonverbale Kommunikation einander an. Dies äußert sich so: Auf der verbalen Ebene verwenden beide ähnliche Wörter und Redewendungen, haben die gleiche Sprechgeschwindigkeit und Tonlage und reden in einer angepassten Sprachlautstärke und -rhythmik. Nonverbal zeigt sich der gegenseitige Kontakt darin, dass Gestik und Mimik einander angepasst sind. Die Gesprächspartner haben eine ähnliche Körperhaltung und ähnliche Bewegungsabläufe.

Spiegeln des Gesprächspartners Bei Pacing nutzen Sie genau dieses Phänomen: Sie spiegeln das Verhalten Ihres Gesprächspartners verbal, durch Ihre Körperhaltung und Ihre Bewegungsabläufe. So kommen Sie über die emotionale Ebene in Kontakt zu Ihrem Gesprächspartner.

Checkliste: So wenden Sie Pacing an	
Beim verbalen Spiegeln versuchen Sie,	
• die gleichen Wörter zu verwenden,	
• in der gleichen Lautstärke zu sprechen,	
• eine ähnliche Tonlage zu wählen und	
• so schnell zu sprechen wie der Gesprächspartner.	
Beim nonverbalen Spiegeln ahmen Sie die Körperhaltung Ihres Gesprächspartners nach, ohne sie nachzuäffen. Das heißt, Sie deuten die Bewegungen eher nur an, anstatt sie übertrieben nachzumachen:	
• Lehnt sich Ihr Gesprächspartner zurück – dann machen auch Sie eine leichte Rückwärtsbewegung.	
• Richtet er sich auf und kommt näher – dann kommen Sie Ihrem Gesprächspartner ebenfalls ein Stück näher.	
• Trinkt er Kaffee oder Wasser – dann trinken Sie auch einen kleinen Schluck.	

Schenken Sie Ihrem Gesprächspartner Aufmerksamkeit

Amédée Grab, Bischof der Schweizer Diözese Chur, prägte den Spruch: „Der liebe Gott hat uns zwei Ohren und einen Mund gegeben. In diesem Verhältnis sollten wir sie auch benutzen." Und damit bringt er das Geheimnis der Gesprächsführung auf den Punkt: Nur wenn wir zuhören, können wir ein gutes Gespräch führen.

Erst zuhören, dann sprechen

Zuhören ist keine passive Angelegenheit. Im Gegenteil, es ist ein aktiver Prozess. Dabei passiert Folgendes zwischen Sender und Empfänger:

Wahrnehmen: Die Sachaussage des Senders wird aufgenommen und die Mimik und Gestik des Sprechers werden erfasst.

Interpretieren: Aufgrund der eigenen Erfahrungen interpretiert der Empfänger diese. Für jede Wahrnehmung gibt es mehrere unterschiedliche Interpretationen.

Bewerten: Die wahrgenommene und interpretierte Nachricht wird vor dem Hintergrund der Wertvorstellungen des Empfängers bewertet. Die Bewertung entscheidet darüber, wie der Empfänger die Nachricht aufnimmt.

Reagieren: Die Bewertung der Nachricht bestimmt, wie der Empfänger darauf reagiert. Sie bestimmt, was er sagt und was seine Mimik und Gestik ausdrücken.

Unseren Gesprächspartner verstehen wir dann richtig, wenn unsere Interpretation mit seiner Kommunikationsabsicht übereinstimmt.

Übung: Trainieren Sie, Wahrnehmungen zu interpretieren

Und dies geht so: Nehmen Sie eine Wahrnehmung aus Ihrem Arbeitsalltag – etwa einen Satz wie den der Kollegin aus unserem Beispiel: „Dein Telefon klingelt." Schreiben Sie so viele Interpretationen zu diesem Satz auf, wie Ihnen einfallen.

In unserem Beispiel sind die folgenden Interpretationen möglich: Das Telefon stört; die Kollegin will dem Kollegen helfen; sie weiß, dass er sein Telefon manchmal nicht hört, wenn er in die Arbeit vertieft ist; sie vermutet, dass das Telefon absichtlich nicht abnimmt.

Mögliche Interpretationen

Merksatz: Zuhören und Verstehen

Durch Zuhören wird die Botschaft eines Gesprächspartners inhaltlich erfasst und verstanden. Wie gut wir unseren Gesprächspartner dabei verstehen, hängt davon ab, wie gut wir aus der Wahrnehmung seine Botschaft und deren Absicht herausfiltern.

33

Deshalb ist Zuhören nicht gleich Zuhören. Es gibt vier verschiedene Arten zuzuhören: Hören, hinhören, zuhören und aktiv zuhören. Die vier Arten unterscheiden sich dadurch, wie intensiv wir uns beim Zuhören bemühen, die Äußerung unseres Gesprächspartners zu verstehen.

Die verschiedenen Arten, etwas zu hören, sind:

- Hören
- Hinhören
- Zuhören
- Aktives Zuhören

Hören heißt noch lange nicht zuhören

„Hören" ist ein Pseudo-Zuhören. Wir hören zu, weil es unhöflich ist, jemandem direkt ins Wort zu fallen, bevor wir mit unserem Wortbeitrag loslegen. Wichtig finden wir nicht das, was der andere sagt, sondern das, was wir sagen wollen. Uns so sieht ein typischer Pseudo-Zuhör-Dialog aus:

Nicht richtig hingehört

Kollegin: „So ein Ärger. Immer wieder habe ich das gleiche Problem mit der Bürokommunikationssoftware. Immer wenn ich eine Terminanfrage ändere, löscht sie den Termin aus meinem Kalender."

Kollege: „Oh, das kann ich gut verstehen. Als ich neulich die Präsentation für die Geschäftsleitung erstellt habe, hatte ich auch ein Problem mit meinem Notebook …"

Der Kollege hat auf keinen der Aspekte des Nachrichtenpakets geantwortet. Der Wortbeitrag seiner Kollegin ist für ihn nur der Aufhänger, um sein eigenes Problem loszuwerden.

An den folgenden Floskeln erkennen Sie, dass Ihr Gesprächspartner Sie zwar gehört, aber Ihnen nicht zugehört hat. „Ich verstehe", „Ja, da haben Sie Recht" oder „Ich bin ganz Ihrer Meinung". Diese netten Floskeln sind nicht mehr als eine Überleitung zum eigenen Wortbeitrag.

Tipp: Wenn Ihr Gesprächspartner nicht zuhört …
Wenn Sie merken, dass Ihnen Ihr Gesprächspartner nicht wirklich zuhört, dann nehmen Sie sich die Freiheit, ihn zu unterbrechen, und machen nochmals einen Versuch, Ihr Anliegen verständlich zu machen. Wenn das nicht hilft, dann beenden Sie das Gespräch.

Pseudo-Zuhören führt dazu, dass die Gesprächspartner aneinander vorbeireden – oft ohne es zu merken. Wenn Sie sich selbst dabei ertappen, dass Sie solche Floskeln verwenden, dann streichen Sie diese aus Ihrem Gesprächsrepertoire. Denn mit solchen Floskeln zeigen Sie Ihrem Gesprächspartner, dass Sie ihn nicht ernst nehmen.

Hinhören bringt Gespräche in Gang

Bei Hinhören richtet der Gesprächspartner seine ganze Aufmerksamkeit auf das, was der andere sagt. Wer in einem Gespräch hinhört, schweigt und zeigt seine Aufmerksamkeit durch seine Mimik und Gestik und durch den Blickkontakt. Hochgezogene Augenbrauen und weite Augen zeigen, dass er Interesse an den Ausführungen hat.

Indem Sie hinhören, stellen Sie auch gleichzeitig einen Kontakt zu Ihrem Gesprächspartner her. In einem guten Kontakt mit dem Gesprächspartner zu sein bedeutet, wahrzunehmen, was im Gesprächspartner und in Ihnen vorgeht. Aus der Mimik und Gestik des Gesprächspartners können Sie Rückschlüsse auf seine innere Befindlichkeit ziehen. Sie nehmen wahr, ob er schwitzt, zittert oder lächelt, ob er leise, laut oder stockend spricht. Auch dies sind Botschaften, die er Ihnen neben dem gesprochen Wort vermittelt. Mit den folgenden Gesten zeigen Sie Ihrem Gesprächspartner, dass Sie hinhören:

- Sie wenden Ihren Köper dem Gesprächspartner zu.
- Sie sehen Ihrem Gesprächspartner in die Augen.
- Sie nicken nach seinen Aussagen leicht mit dem Kopf. Bei einem Telefonat zeigen Sie durch die folgenden Floskeln, dass Sie den Worten Ihres Gesprächspartners folgen: „mhm", „ah ja", „so", „ach", „ja" oder „nein".

Hätte der Kollege in dem kleinen Dialog aus dem vorangegangen Abschnitt hingehört, dann hätte das Gespräch vielleicht folgenden Verlauf genommen:

Hinhören beeinflusst den Gesprächsverlauf

Kollegin: „So ein Ärger. Immer wieder habe ich das gleiche Problem mit der Bürokommunikationssoftware. Immer wenn ich eine Terminanfrage ändere, löscht sie den Termin aus meinem Kalender."

Kollege (beugt sich leicht nach vorne und sieht die Kollegin an): „Ach ja."

Kollegin: „Letzten Mittwoch ist mir das passiert. Dadurch hätte ich fast einen wichtigen Termin verpasst. Ich habe es aber noch rechtzeitig gemerkt."

Das, was der Kollegin auf dem Herzen lag, war nicht das Problem mit der Software, sondern der beinahe verpasste Termin mit dem Kunden. Wenn Sie hinhören, laden Sie den Gesprächspartner ein, mehr zu erzählen. So hören Sie heraus, welcher Aspekt der Nachricht Ihrem Gesprächspartner wichtig ist.

Übung: Trainieren Sie hinzuhören

Nehmen Sie sich bei jedem Gespräch ganz bewusst Folgendes vor:

* Sie drehen Ihren Körper so, dass er Ihrem Gesprächspartner zugewandt ist.
* Sie blicken ihm in die Augen.
* Sie bestätigen seine Ausführungen durch leise Bemerkungen, mit denen Sie zeigen, dass Sie hingehört haben.

Hinhören sollten Sie, wenn Sie Informationen von Ihrem Gesprächspartner erhalten wollen oder mit ihm eine Problem besprechen.

Zuhören vermeidet Missverständnisse

Beim Zuhören geben Sie Ihrem Gesprächspartner direkt eine Rückmeldung über das, was Sie verstanden haben. Am Ende seiner Ausführungen wiederholen Sie deren Inhalt. Streben Sie an, den Inhalt so genau wie möglich zu wiederholen. So zeigen Sie, dass Sie die Ausführungen Ihres Gesprächspartners nicht nur gehört, sondern verstanden haben und bereit sind, mit ihm über das Thema zu sprechen.

In unserem Dialog könnte dies dann so aussehen:

Richtig zugehört

Bsp.

Kollegin: „So ein Ärger. Immer wieder habe ich das gleiche Problem mit der Bürokommunikationssoftware. Wenn ich eine Terminanfrage ändere, löscht sie den Termin aus meinem Kalender."

Kollege: „Wenn ich dich richtig verstanden habe, dann hast du mit der Bürokommunikationssoftware das folgende Problem: Bei Änderungen in der Terminanfrage wird diese für die eingeladen Teilnehmer geändert, bei dir aber aus dem Kalender gelöscht."

Kollegin: „Ja, und ich weiß nicht, wie ich das ändern kann."

Sachaussage wiederholen   Beim Zuhören wird die Sachaussage wiederholt. Das Wesentliche dabei ist, dass Sie sich ganz auf Ihren Gesprächspartner konzentrieren und vermeiden, dass Sie bereits beim Zuhören das Gesagte bewerten. Sagt Ihr Gesprächspartner „Ja" zu Ihrer Wiederholung, sind Sie sicher, dass Sie mit Ihrem Redebeitrag nicht an ihm vorbeireden.

Mit den folgenden Formulierungen können Sie Ihre Wiederholung einleiten: „Mit anderen Worten ...", „Wenn ich Sie richtig verstehe, geht es Ihnen um ...", „Ihnen ist wichtig, dass ...", „Sie legen Wert auf ...", „Für Sie kommt es sehr darauf an, dass ...", „Ich habe jetzt verstanden, dass Sie ...", „Wenn ich das richtig erfasse, dann geht es Ihnen um ...", „Du meinst, wenn ...", „Was du sagst, fasse ich so auf ...", „Dir liegt am Herzen, dass ...". *Formulierungsvorschläge*

Übung: Trainieren Sie zuzuhören

Üben Sie ganz bewusst das Zuhören. Suchen Sie sich einmal pro Tag eine Gesprächssituation, bei der Sie Zuhören ganz bewusst anwenden. Besonders gut eignen sich Gespräche, bei denen Sie eine Aufgabe übertragen bekommen. Wiederholen Sie möglichst genau das, was Ihr Gesprächspartner sagt.

Mit der Technik der „umschreibenden Gesprächsführung" – zuhören und Inhalte wiederholen – bringen Sie Gespräche schneller auf den Punkt, denn so reden Sie nicht an Ihrem Gesprächspartner vorbei, sondern können Ihre Antwort genau auf dessen Anliegen hin formulieren. Und noch etwas: Sie werden bei vielen Gesprächen merken, dass sich auch Ihr Gesprächspartner mehr für Ihre Aussagen interessiert. *Umschreibende Gesprächsführung*

Zuhören wenden Sie vor allem in Situationen an, in denen Sie einen Auftrag erteilt bekommen oder Missverständnisse ausschließen wollen.

Aktives Zuhören macht Störungen im Gesprächsverlauf besprechbar

Beim aktiven Zuhören achten Sie nicht nur auf das, was der andere sagt, sondern auch darauf, wie er es sagt und wie er sich dabei verhält. Sie richten beim Zuhören Ihre Aufmerksamkeit auch auf sich selbst und darauf, wie der Redebeitrag bei Ihnen ankommt. Beim Zuhören konzentrieren Sie sich in Ihrer Rückmeldung auf die Sachaussage Ihres Gesprächspartners, beim aktiven Zuhören auch auf seine Selbstkundgabe, den Beziehungsaspekt und die Appelle. Der Gesprächspartner hat damit die Möglichkeit, alles das, was er denkt und fühlt, anzusprechen.

Bevor ein Gesprächspartner im Gespräch eine Störung verbal äußert, sind Unzufriedenheit, Zweifel oder Widerstände schon an der Körperhaltung sowie an Mimik und Gestik zu erkennen. Beim aktiven Zuhören verbalisieren Sie dies. Ihr Gesprächspartner hat so die Möglichkeit, das, was ihn irritiert, im Gespräch offen anzusprechen.

Damit Sie Ihrem Gesprächspartner die mitschwingenden Wahrnehmungen spiegeln können, müssen Sie sich im Stillen immer folgende Fragen stellen:

- Was empfindet mein Gesprächspartner?
- Was ist ihm an dem, was er gerade äußert, wichtig?
- Was beschäftigt ihn daran so sehr?
- Welches Interesse will er damit verfolgen?
- Wie ist ihm zumute?

Konzentration auf Gesprächspartner

Aktives Zuhören heißt, dem Gesprächspartner zu sagen, wie seine Aussage angekommen ist. Sie zeigen ihm so, dass Sie seine Probleme und Empfindungen verstehen und akzeptieren. Damit schaffen Sie eine Atmosphäre, in der sich der andere verstanden fühlt. Aktives Zuhören verlangt eine große Konzentration, denn Sie müssen sich mit all Ihren Sinnen auf Ihren Gesprächspartner ausrichten und Ihre eigenen Wünsche, Ziele und Meinungen in den Hintergrund stellen.

Durch aktives Zuhören könnte der kleine Dialog zwischen Kollegin und Kollege den folgenden Verlauf nehmen.

Problem verstanden

Kollegin: „So ein Ärger. Immer wieder habe ich das gleiche Problem mit der Bürokommunikationssoftware. Immer wenn ich eine Terminanfrage ändere, löscht sie den Termin aus meinem Kalender."

Kollege: „Du ärgerst dich über die Bürokommunikationssoftware. An deiner Stimme höre ich heraus, dass du ein bisschen verzweifelt bist."

Kollegin: „Ja, das stimmt. Ich bin verzweifelt, weil mir niemand richtig zuhört, wenn ich mein Problem schildere."

Formulierungsvorschläge

Ihre Antwort leiten Sie mit den folgenden Formulierungen ein: „Sie befürchten jetzt, dass ...", „Sie sind misstrauisch, ob ...", „Sie ärgern sich über ...", „Sie sind sich noch nicht sicher, inwieweit ...", „Sie sind erschrocken über ...", „Sie sind schockiert, weil ...", „Sie sind über ... entsetzt.", „Dich nervt es, wenn ...", „Du könntest platzen, weil ...", „Du bist noch unentschieden, ob du ...", „Dir stinkt es, wenn ...".

Übung: Aktives Zuhören

Die folgenden drei Formulierungen sind Ausschnitte aus verschiedenen Gesprächssituationen. Wie lautet Ihre Erwiderung, wenn Sie dabei aktiv zugehört hätten?

- „Ich kann mir nicht vorstellen, dass wir das Konzept noch bis Ende der Woche fertig haben."
- „Wenn mich der Chef wieder so abkanzelt, dann werde ich mir überlegen, ob ich noch in der Abteilung bleibe."
- „Ein Glück. Ich habe nur tolle Kollegen im neuen Team."

Beispielhaft könnten diese Erwiderungen sein:

- „Sie fühlen sich ganz schön unter Druck und haben Zweifel, ob Sie das Konzept zum Termin fertig bekommen."
- „Ich kann mir gut vorstellen, dass der Chef Sie tief gekränkt hat."
- „Sie klingen sehr erleichtert über die Versetzung in das neue Team."

Aktives Zuhören ist besonders angebracht, wenn sich Ihr Gesprächspartner unklar ausdrückt, der Gesprächsfluss stockt oder bei heiklen Themen, bei denen der Gesprächspartner gefühlsmäßig stark beteiligt ist.

Wenden Sie diese Form der Gesprächsführung nicht an, wenn der Gesprächspartner nicht über seine Meinungen und Empfindung sprechen will oder wenn Sie unter Zeitdruck stehen. Aktives Zuhören braucht Zeit, damit der Gesprächspartner sich öffnen kann.

Auf der CD finden Sie eine Zusammenstellung der wichtigsten Merkmale und Anwendungsformen der verschiedenen Arten des Zuhörens.

Fragen und Nachfragen: So steuern Sie Ihre Gespräche

In der Schule fragt der Lehrer. Wenn Schüler etwas fragen, dokumentieren sie, dass sie etwas nicht verstanden haben. So lernen wir fürs Leben, dass man sich blamiert, wenn man etwas fragt. Dabei sind richtig gestellte Fragen der Impuls, seinem Gesprächspartner Interesse zu zeigen, ihm Gelegenheit zu geben, Sachverhalte auszuführen – und eine Möglichkeit, das Gespräch zu steuern.

„Wer fragt, der führt" – das ist ein in Führungsseminaren viel zitierter Satz. Und das nicht ohne Grund, denn wer fragt, hat die Kontrolle im Gespräch und bestimmt mit seinen Fragen, worüber gesprochen wird. Wer fragt, zeigt seinem Gesprächspartner, dass er dessen Wünsche und Vorstellungen kennenlernen will. Und mit Fragen schaffen Sie eine positive Gesprächsatmosphäre, indem Sie Ihren Gesprächspartner zum Dialog einladen.

Tipp: Führen Sie kein Verhör

Fragen können auch einen negativen Aspekt haben – nämlich dann, wenn Sie mit Ihren Fragen den Gesprächspartner in die Ecke drängen. Vermeiden Sie deshalb Fragen, bei denen sich Ihr Gesprächspartner verhört fühlt.

Frageform entscheidend „Man kann keine falschen Antworten geben, sondern nur falsche Fragen stellen." Dieser beliebte Ausspruch macht deutlich, dass auch der Fragensteller Verantwortung für die Antwort seines Gegenübers hat. Die Antwort meines Gesprächspartners hängt nicht nur davon ab, welche Frage ich stelle, sondern auch davon, wie ich die Frage stelle.

Merksatz: Fragetechnik

Fragetechnik ist die Verwendung von offenen und geschlossenen Fragen zur gezielten Gesprächsführung. Ziel ist es, ein Interview oder einen Dialog zu beginnen, zu vertiefen oder zu lenken. Durch die geschickte Auswahl der Frageform bestimmt der Fragesteller den Verlauf des Gesprächs.

Zeigen Sie durch offene Fragen Ihr Interesse

Offene Fragen laden zu ausführlichen Antworten ein. Im Titelsong zur „Sendung mit der Maus" heißt es: „Wer, wie, was – wieso, weshalb, warum – wer nicht fragt, bleibt dumm!" Diese Fragewörter verdeutlichen, worum es in der Sendung geht – neugierig zu sein auf die verschiedensten Dinge, die uns umgeben, um darauf Antworten zu erhalten.

Fragewörter „Warum", „was", „wie", „wer", „wo", „wann" sind die Fragewörter, mit denen offene Fragen eingeleitet werden. Fragen, die mit diesen Fragewörtern beginnen, werden deshalb auch als „W-Fragen" bezeichnet. Sie ermöglichen dem Befragten, die Antwort in seinem Sinne zu formulieren und laden ihn zu einer Antwort ein. Sie geben eine Richtung vor, ohne den Antwortenden darauf festzulegen, wie er seine Antwort geben soll und was zur Antwort dazugehört.

Mit den W-Fragen können Sie Sachverhalte erfragen. Wenn Sie Antworten auf alle W-Fragen erhalten haben, können Sie sicher sein, dass der Sachverhalt so umfassend wie möglich beschrieben ist.

So werden offene Fragen eingesetzt:

- Wozu? – fragt nach den Gründen und Hintergründen: „Wozu soll die Analyse gemacht werden?"
- Was? – fragt nach der Sache: „Was soll analysiert werden?"
- Wann? – Fragt nach einem Zeitpunkt: „Wann soll mit der Analyse begonnen werden?"
- Wer? – fragt nach einer oder mehreren Personen. „Wer soll die Analyse durchführen?"
- Wie? – fragt nach der Art und Weise, wie etwas getan werden soll: „Wie soll die Analyse durchgeführt werden?"
- Wo? – fragt nach dem Ort: „Wo soll die Analyse durchgeführt werden?"

Übung: Fragen formulieren

Sie sollen ein Konzept erstellen. Jetzt wollen Sie genau wissen, worum es geht. Formulieren Sie die Fragen, die Ihnen alle Informationen liefern, um mit der Erstellung des Konzepts beginnen zu können.

Nutzen Sie eine Mindmap, um die Antworten auf Fragen zu dokumentieren.

- Dabei schreiben Sie das Thema in die Mitte eines Blattes.
- Dann zeichnen Sie sechs „Äste" von der Mitte aus auf das Blatt. An jeden Ast schreiben Sie die passende W-Frage.
- Die Antworten werden dann an den jeweils passenden Ast geschrieben.

Der Vorteil dabei ist: Sie müssen die Fragen nicht nacheinander abarbeiten, sondern können zwischen den Fragen springen und sind so flexibel in Ihrer Gesprächsführung.

Abbildung 5 zeigt ein Beispiel für eine Mindmap zur Klärung eines Auftrags für ein Konzept.

Eine ausführliche Anleitung zum Mindmapping finden Sie auf der CD.

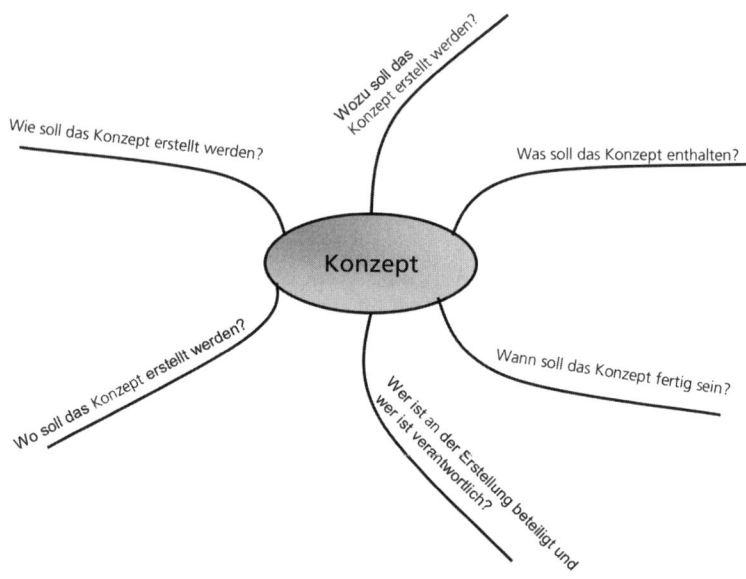

Abbildung 5: Mit einer Mindmap strukturieren Sie die Auftragsklärung.

 Eine Übersicht über die verschiedenen Fragetypen und deren Anwendungsfälle finden Sie auf der CD.

Immer nur eine Frage stellen Denken Sie beim Fragenstellen daran, dass sich Ihr Gesprächspartner immer nur auf eine Frage konzentrieren kann. Mehrere Fragen auf einmal zu stellen verwirrt den Gesprächspartner und führt dazu, dass er in den meisten Fällen nur die erste oder letzte Frage beantwortet – denn sie sind die einzigen, die noch im Gedächtnis geblieben sind. Haben Sie mehrere Fragen, dann beginnen Sie mit der ersten Frage und stellen die zweite erst dann, wenn Sie die Antwort auf die erste erhalten haben.

Setzen Sie geschlossene Fragen gezielt ein

Nur Ja- oder Nein-Antwort möglich „Haben Sie das Konzept schon erstellt?" Dies ist eine typische geschlossene Frage. Sie erkennen diese Form der Frage daran, dass sie mit einem Verb oder Hilfsverb eingeleitet wird. Bei einer geschlossenen Frage enthält die Frage schon die Antwortalternativen und der Befragte kann bei seiner Antwort nur zwischen „Ja" und „Nein" wählen.

Geschlossene Fragen ermöglichen eine straffe Gesprächsführung. Mit ihnen können Sie Daten sehr schnell erheben und sich Vermutungen oder Vorinformationen bestätigen lassen. Sie eignen sich deshalb gut für Diagnosen, wie sie Ärzte stellen.

Geschlossene Fragen eignen sich für die folgenden Fälle:

- Für Diagnosen: „Tränen Ihre Augen?", „Haben Sie Kopfschmerzen?", „Kratzt Ihr Hals?"

- Wenn der Sachverhalt klar ist und schnell ein Ergebnis erzielt werden soll: „Sind Sie mit der Lösung einverstanden?"

- Bei Terminvereinbarungen: „Für wann möchten Sie den Termin mit mir vereinbaren, Montag oder Dienstag?"

Tipp: So bringen Sie Ihr Gegenüber dazu, sich festzulegen
Wenn Sie merken, dass Ihr Gesprächspartner ausschweift, können Sie ihn mit geschlossenen Fragen dazu zwingen, sich festzulegen. Fassen Sie seine Aussage als geschlossene Frage zusammen: „Wenn ich Sie richtig verstanden habe, dann soll das Projekt am Ende des folgenden Monats beendet sein?"

Geschlossene Fragen führen zu einer sehr engen Gesprächsführung. Der Frager bestimmt, worüber gesprochen wird. Ihre Schattenseite ist jedoch, dass sich der Gefragte sehr schnell wie in einem Verhör fühlt oder unter Druck gerät. Er antwortet dann nur noch auf das, was Sie fragen, und verschweigt alle anderen, vielleicht ebenfalls wichtigen Sachverhalte.

Tipp: Konzentrieren Sie sich auf die Zukunft
Richten Sie bei Problemen den Blick immer in die Zukunft. Fragen Sie nicht „Warum ist das Problem entstanden?", sondern „Was müssen wir tun, um das Problem zu lösen?". Es sollte weniger darum gehen, die Vergangenheit zu analysieren, sondern eher darum, Lösungsalternativen für die Zukunft zu finden.

Steuern Sie Gespräche durch Fragen

Was tun Sie, wenn Ihr Gesprächspartner vom Thema abschweift? Wenn Sie ihm sagen, „Sie schweifen ab, kommen Sie zum Thema zurück!", dann ist die Wahrscheinlichkeit groß, dass Sie ihn mit diesem Satz verärgern. Besser ist es, ihm eine Frage zu stellen: „Sie haben jetzt viele Aspekte geschildert, welche Auswirkungen haben all diese Aspekte auf das Projekt?"

In dieser Form werden Fragen zur Gesprächssteuerung eingesetzt. Man will eigentlich nichts wissen, sondern das Gespräch wieder auf das Ziel hinlenken. Eine Gesprächssteuerung durch Fragen hat Vorteile: Sie bringen sich wieder ins Gespräch, brüskieren Ihren Gesprächspartner nicht, indem Sie ihn darauf hinweisen, dass er den Gesprächsfaden aus den Augen verloren hat und lenken die Aufmerksamkeit auf einen neuen Punkt. Gespräche steuern Sie mit den folgenden Fragetypen:

Allgemeine Frage: Sie führt zum Thema hin und legt den Rahmen dafür fest. Beispiel: „Sie haben die Schwierigkeiten bei der Erstellung des Konzepts erwähnt. Können Sie mir erläutern, worin hier genau das Problem besteht?"

Sondierende Frage: Sondierende Fragen werden gestellt, wenn ein Punkt des Gesprächs vertieft werden soll. Beispiel: „Wie sind Sie in der Voruntersuchung weiter vorgegangen?"

Weiterführende Frage: Eine weiterführende Frage bringt einen neuen Gedanken in das Gespräch ein: „Abgesehen von den Schwierigkeiten bei der Umsetzung, welche weiteren Nachteile hat diese Lösung?"

Rangierfragen: Mit Rangierfragen führen Sie den Gesprächspartner wieder zum Thema zurück: „Es gibt noch weitere Aspekte bei der Vorbereitung der Interviews für die Analyse. Können wir jetzt wieder zur Vorbereitung der Interviews zurückkommen?"

Tipp: Erzeugen Sie eine positive Gesprächsatmosphäre

„Was haben Sie in dieser Woche schon Angenehmes erlebt?" Wenn Sie Ihrem Gesprächspartner diese oder eine ähnliche Frage stellen, stimulieren Sie bei ihm ein positives Ereignis. Dies sorgt dafür, dass Ihr Gespräch mit einer positiven Grundstimmung beginnt.

Übung: Bereiten Sie sich mit Fragen auf das nächste Gespräch vor

Überlegen Sie sich vor Ihrem nächsten Gespräch Fragen, mit denen Sie das Gespräch steuern können. Sie sollten Fragen für folgende Situationen vorbereiten: Für die Gesprächseröffnung, um den Gesprächspartner auf ein neues Thema zu lenken, ihn wieder zum Thema zurückzubringen und einen neuen Gedanken zu erfragen.

Vermeiden Sie Pseudofragen

„Sind Sie nicht auch der Meinung, dass dies eine hervorragende Präsentation war?" Diese Frage ist ein Beispiel dafür, dass den Frager weniger die Antwort des Befragten interessiert, sondern die Frage nur die Form ist, um seine eigene Meinung kundzutun.

Solche Fragen nennt man „Pseudofragen", denn sie sind eigentlich keine Fragen, sondern in Fragen gekleidete Aussagen. Zu den Pseudofragen gehören auch rhetorische Fragen wie diese: „Kennen Sie schon unsere Konditionen? ... Ich habe Ihnen hier unsere Allgemeinen Geschäftsbedingungen mitgebracht."

Auf der CD finden Sie eine Zusammenstellung der verschiedenen Arten von Pseudofragen.

Streichen Sie Pseudofragen aus Ihrem Repertoire für Gespräche. Hinter ihnen steht kein wirkliches Interesse an der Antwort. Es ist eine Form der Beeinflussung, die als Frage getarnt ist. Merkt der Kommunikationspartner die Unterstellung, fordert dies seinen Widerspruch heraus. Das Gesprächsklima wird belastet und der Gesprächspartner verschließt sich eher, als dass er sich öffnet.

Pseudofragen belasten das Gesprächsklima

Neben den Pseudofragen gibt es noch weitere Fragen, die ein offenes Gespräch eher verhindern als fördern. Immer dann, wenn Sie eine Frage stellen, auf die der Gefragte keine Antwort hat oder keine Antwort finden kann, kommt das Gespräch ins Stocken. Dies ist bei den folgenden Fragen der Fall:

Unklare, ungenaue Fragen zeigen oft, dass sich der Frager über sein Interesse nicht im Klaren ist. Sie führen dazu, dass auch der Gefragte unklare oder lückenhafte Antworten gibt.

Überzogene, schwierige Fragen bewirken, dass der Frager einen oberlehrerhaften Eindruck macht und so beim Gefragten Widerstand hervorruft.

Einfache, selbstverständliche Fragen zeigen, dass der Frager kein wirkliches Interesse an der Antwort hat. Sie machen einen mechanischen Eindruck und nehmen die Spannung aus dem Gespräch.

Ironische Fragen lösen sofort eine Verteidigungshaltung aus, weil sie dem Gesprächspartner zu verstehen geben, dass der Frager das Gespräch nicht ernst nimmt.

Persönliche und taktlose Fragen verletzen den Gesprächspartner und führen dazu, dass er sich in seinen Antworten noch weiter verschließt.

Die Beziehung zu Ihrem Gesprächspartner bestimmt, welche Fragen Sie ihm stellen können. Eine rein geschäftliche oder kollegiale Beziehung schließt oft aus, dass Sie persönliche Dinge fragen. Immer dann, wenn Sie diese Grenze überschreiten müssen, werden die Fragen, die Sie stellen, zu „heiklen" Fragen. Fragen Sie deshalb Ihren Gesprächspartner, ob es in Ordnung ist, diese Grenze zu über-

Respektieren Sie Grenzen

schreiten, und holen Sie sich so die Erlaubnis, auch über diese Themen zu sprechen.

Nachfragen klärt den Kontext

Sie kennen die Situation bestimmt: Sie haben eine Frage gestellt und eine Antwort bekommen. Aber mit der Antwort sind Sie unzufrieden. Die Aussage ist schwammig, vieles bleibt noch offen und es wurden Begriffe verwendet, die Sie nicht kennen. Lassen Sie die Antwort jetzt stehen, dann setzt Ihr Gesprächspartner voraus, dass für Sie alles klar ist.

Unklare Antworten sind kein böser Wille Ihres Gesprächspartners, weil er Informationen und Sachverhalte – den sog. Kontext – voraussetzt, die Sie nicht kennen. Der Kontext legt die Bedeutung von Wörtern fest. Je nachdem, in welchem Kontext Wörter verwendet werden, können sie eine ganz andere Bedeutung erhalten. Wie zum Beispiel das Wort „Bank". In der Finanzwelt ist die Bank eine Einrichtung, in der Finanzgeschäfte getätigt werden, im Park ist es eine Sitzgelegenheit.

Klären Sie den Kontext Durch Nachfragen klären Sie den Kontext. Nachfragen führen dazu, dass der Gesprächspartner Ihnen mehr Informationen gibt, seine Aussagen präzisiert oder seinen Standpunkt klarstellt. So erhalten Sie ein ähnliches Bild vom Sachverhalt wie Ihr Gesprächspartner.

Wann Sie nach-fragen sollten Nachfragen sollten Sie immer dann, wenn Ihr Gesprächspartner Ihnen nicht geläufige Fachbegriffe verwendet, Prozesswörter gebraucht, Konjunktive benutzt, Bedingungen unterstellt, Behauptungen aufstellt, verallgemeinert oder Sie den Eindruck haben, dass etwas Wichtiges für das Verständnis fehlt.

Abkürzungen und Fachbegriffe: Es ist keine Schande, wenn man einen Fachbegriff oder eine Abkürzung nicht kennt. Fragen Sie nach der Bedeutung von Fachbegriffen.

Prozesswörter: Prozesswörter sind Verben oder substantivierte Verben, die Vorgänge beschreiben. Beispiele für solche Wörter sind: „melden", „auslasten", „Erfassung" oder „Genehmigung". Fragen Sie bei diesen Wörtern nach, wer, was, wann, wie tut.

Konjunktive: Verwendet Ihr Gesprächspartner Formulierungen wie: „Ich würde ...", „Man sollte ...", „Wir könnten ...", bleibt in der Schwebe, ob es sich um eine Möglichkeit oder um eine Realität handelt. Mit den folgenden Fragen haken Sie hier nach:

- „Was wollen Sie tun?"
- „Wer soll was genau machen?"
- „Was müssen/sollten wir tun?"

Bedingungen: „Unter der Bedingung, dass ..., können wir ..." Bedingungen werden als unumstößliche Tatsachen hingestellt. Durch Nachfragen bekommen Sie heraus, ob diese Bedingung tatsächlich akzeptiert werden muss: „Sind alle Möglichkeiten benannt?", „Gibt es Alternativen?"

Behauptungen: „Es gab eine Reihe von gegensätzlichen Meinungen." Diese Aussage ist eine Behauptung. Fragen Sie nach, ob die Behauptung stimmt: „Wer war anderer Meinung?", „Worin unterschieden sich die Meinungen?"

Verallgemeinerungen: Verallgemeinerungen in den Aussagen sind immer ein Zeichen dafür, dass der Gesprächspartner Dinge unklar formuliert. Sie erkennen Verallgemeinerungen daran, dass Wörter wie zum Beispiel „man", „wir", „alle" oder „nie" verwendet werden. Mit den folgenden Fragen fordern Sie Ihren Gesprächspartner auf, konkreter zu werden: „Wer genau hat gesagt, vorgeschlagen, dass ...?", „Welche Personen sind beteiligt?", „Was bedeutet ‚nie'?", „... ‚in keinem Fall'?" „... ‚unter bestimmten Bedingungen'?"

Löschungen: Bei einer Löschung wird ein Teil einer Aussage weggelassen, der jedoch für das Verständnis wichtig ist. Löschungen erkennt man daran, dass bei einer Aussage nicht klar ist, was konkret gemeint ist. So fragen Sie hier nach: „Welche ...?", „Was konkret?", „Wie kann ich mir das vorstellen?"

Übung: Finden Sie Nachfragen

In einem Gespräch äußert Ihr Gesprächspartner den folgenden Satz:

„Experten sagen: Es wurde festgestellt, dass manche Meetings kürzer sein sollten. Unter der Bedingung, dass Zeit da ist, sollte man sich auf diese Gespräche besser vorbereiten, damit Ziele erreicht werden."

Welche Nachfragen können Sie hier stellen?

In Abbildung 6 ist dargestellt, welche Nachfragen bei diesem Satz gestellt werden können. Stellen Sie die Nachfragen jedoch nicht alle auf einmal, sondern beginnen Sie bei dem aus Ihrer Sicht unklarsten Punkt. Wahrscheinlich erübrigen sich schon während des Nachfragens einige Fragen, da der Befragte indirekt den Appell erhält, seine Antwort ausführlicher darzustellen.

Immer nur eine Frage stellen

47

Abbildung 6: Nachfragen klären, was in Aussagen unklar ist.

Wie viel Sie nachfragen müssen, hängt davon ab, wie groß der Kontext ist, den Sie mit Ihrem Gesprächspartner gemeinsam haben. Arbeitskollegen in derselben Abteilung haben meist einen sehr großen gemeinsamen Kontext. Treffen Sie dagegen einen Gesprächspartner zum ersten Mal, dann können Sie davon ausgehen, dass Sie keinen großen gemeinsamen Kontext haben.

Unterbrechungen   Beim Nachfragen kann der Sprecher unterbrochen werden. Diese Unterbrechung können Sie mit folgenden Formulierungen einleiten: „Darf ich Sie hier unterbrechen? Mir ist da etwas unklar.", „Bevor Sie weitersprechen, möchte ich an dieser Stelle etwas nachfragen."

Zusammenfassung

Ihre Kompetenz in der Gesprächsführung:

Gehen Sie in Kontakt mit Ihrem Gesprächspartner. Nur wenn Sie auf gleicher Wellenlänge sind, können Sie gut kommunizieren.

Wählen Sie die richtige Art des Zuhörens:

- Vermeiden Sie, nur mitzuhören. Denn es ist ein Pseudo-Zuhören, mit dem Sie kein wirkliches Interesse an den Äußerungen Ihres Gesprächspartners zeigen.

- Hören Sie hin, wenn Sie Informationen erhalten oder Probleme besprechen. So zeigen Sie Ihrem Gesprächspartner, dass Sie an ihm und an dem, was er sagt, interessiert sind.

- Hören Sie zu, wenn Sie einen Auftrag erteilt bekommen oder Missverständnisse vermeiden wollen. Mit dem Zuhören geben Sie Ihrem Gesprächspartner gleichzeitig auch ein Feedback darüber, was Sie von seinen Ausführungen verstanden haben.

- Hören Sie aktiv zu, um Störungen im Gesprächsverlauf zu erkennen und anzusprechen. Mit aktivem Zuhören beziehen Sie auch die mitschwingenden Emotionen in das Gespräch ein.

Stellen Sie die richtigen Fragen:

- Stellen Sie offene Fragen. Geschlossene Fragen stellen Sie nur dann, wenn der Gesprächspartner ausschweift. Offene Fragen laden zum Gespräch ein, geschlossen Fragen kürzen das Gespräch ab.

- Beginnen Sie Gespräche immer mit einer allgemeinen Frage. Dies schafft eine positive Gesprächsatmosphäre.

- Sachverhalte erfragen Sie mit den fünf W-Fragen. Fragen Sie erst nach Gründen und Motiven (warum?). Erst dann nach dem Sachthema (was?). Am Ende erst nach der Ausgestaltung (wie?), der Zeit (wann?) und den Personen (wer?).

- Steuern Sie den Gesprächsverlauf mit Fragen. So geben Sie dem Gespräch einen roten Faden.

- Nehmen Sie Ihren Gesprächspartner ernst, indem Sie keine unpassenden Fragen stellen. Mit unpassenden Fragen können Sie Ihren Gesprächspartner in eine unangenehme Situation bringen.

- Fragen Sie nach, wenn Sachverhalte unklar sind. Nachfragen geben dem Gesprächspartner die Chance, Dinge zu erläutern, die er als selbstverständlich voraussetzt.

Kommunikationspraxis: Gesprächssituationen im Arbeitsalltag

Der schnellste Weg, sich über eine Sache klar zu werden, ist ein Gespräch.
(Friedrich Dürrenmatt, Schweizer Dramatiker)

Gespräche sind ein Bestandteil unserer Arbeit. Mit ihnen holen wir Informationen ein, klären Sachverhalte und handeln Interessengegensätze aus. Zielgerichtete Gesprächsführung führt zu besseren Arbeitsergebnissen und höherer Produktivität. Durch eine gute Gesprächsführung vermeiden Sie Missverständnisse und überzeugen Ihren Gesprächspartner. In diesem Kapitel erhalten Sie Antworten auf die folgenden Fragen:

- Wie bereite ich mich auf ein Gespräch vor?
- Wie knüpfe ich im Gespräch einen roten Faden?
- Wie führe ich ein Interview?
- Wie führe ich erfolgreiche Verhandlungen?
- Wie führe ich gute Telefongespräche?

Ein gutes Gespräch beginnt mit einer guten Vorbereitung

Sich auf das Gespräch einstellen

„Worüber wollte ich mit Ihnen sprechen ..., ach ja." So oder ähnlich beginnen viele Gespräche. Zeitdruck und ungeplante Aktivitäten verhindern, dass sich die Gesprächspartner auf das Gespräch vorbereiten. Ein gutes Gespräch beginnt aber schon mit der Gesprächsvorbereitung. Hier tragen Sie die Themen der Besprechung zusammen, überlegen sich deren Ziel und definieren die Ergebnisse, die Sie erreichen wollen. Die Vorbereitung hat noch einen weiteren Vorteil: Sie stellen sich mental auf das Gespräch ein.

Terminvereinbarung

Die Basis für ein gutes Gespräch legen Sie bereits bei der Vereinbarung des Gesprächstermins. Dabei teilen Sie Ihrem Gesprächspartner mit, warum für Sie das Gespräch wichtig ist, was Sie im Gespräch erreichen wollen und wie viel Zeit voraussichtlich dafür erforderlich ist. Natürlich gehören zur Vereinbarung des Gesprächstermins auch die formalen Angaben wie Zeit und Ort und, falls es erforderlich ist, auch ein Hinweis für die Anreise.

Durch die Vorbereitung entwickeln Sie ein Bild des Gesprächs. Je konkreter es ist, umso besser können Sie sich in die Lage Ihres Gesprächspartners hineinversetzen und die Punkte vorbereiten, bei dem Sie Ihrem Gesprächspartner etwas mitteilen müssen. Fast automatisch kommen Sie dann auch auf die Fragen, die Sie Ihrem Gesprächspartner stellen müssen. Bei Ihrer mentalen Vorbereitung auf das Gespräch sollten Sie die folgenden vier Punkte berücksichtigen:

- die Gesprächsebene,
- die Vorlieben Ihres Gesprächspartners,
- dessen Interessen,
- das Wissen, das der Gesprächspartner bereits über das Thema hat.

Gesprächsebene: Es ist nicht gleichgültig, ob wir mit einem Kollegen oder mit unserem Chef sprechen, mit einem Mitarbeiter aus der Fachabteilung des Kunden oder mit einem Entscheider. Die Position des Gesprächspartners bestimmt, welche Bedeutung das Gespräch hat.

Üblicherweise entscheidet ein Gespräch mit einem höhergestellten Gesprächspartner über den Fortgang einer Tätigkeit. Indirekt beeinflusst es auf jeden Fall auch Ihre Karriere – denn den Eindruck, den Sie hier hinterlassen, prägt das Bild, das Ihr Chef von Ihnen hat.

Stellen Sie sich vor jedem Gespräch deshalb die folgenden beiden Fragen: Welche Position hat mein Gesprächspartner in der Organisation? Und: Welchen Einfluss hat er?

Vorlieben: Jeder Mensch ist für andere Argumente und andere Formen der Darstellung empfänglich: Die einen überzeugen Sie mit Zahlen, Daten und Fakten. Einen anderen nur dadurch, dass er Ihren Argumenten vertraut. Ein harmonieorientierter Mensch meidet Konfrontationen im Gespräch, während andere es schätzen, wenn sie sich mit Ihnen hart auseinandersetzen können. Einem visuellen Typ erleichtern Sie das Gespräch, wenn Sie komplexe Sachverhalte mit einer Grafik erläutern.

Tipp: Notieren Sie sich die Vorlieben Ihrer Gesprächspartner

Führen Sie eine Liste Ihrer Gesprächspartner. Notieren Sie darin, welche Vorlieben er oder sie hat und welche Gesprächsformen sich bewährt haben. Vor einem wichtigen Gespräch, bei dem Sie den Gesprächspartner nicht kennen, sollten Sie sich bei Kollegen erkundigen, welche Vorlieben er oder sie hat.

Interessen: Selbst wenn Sie der Initiator des Gesprächs sind, möchte der Gesprächspartner auch etwas von Ihnen. Erst dann, wenn er seine Interessen ebenfalls in das Gespräch einbringen kann, wird er auch auf Ihre Interessen eingehen. Stellen Sie sich die folgenden beiden Fragen, um hinter die Interessen Ihres Gesprächspartners zu kommen: Welche Motivation hat mein Gesprächspartner? Und: Woran wird er oder sie den Erfolg des Gesprächs messen?

Wissen: Jeder Gesprächspartner bringt seine Sicht auf das Thema in das Gespräch ein. So kann es vorkommen, dass beide über das gleiche Thema völlig unterschiedliche Informationen haben. Meist gehen die Gesprächspartner davon aus, dass der jeweils andere ein ähnliches Bild hat.

Einen besseren Einstieg in das Gespräch bekommen Sie, wenn Sie sich schon vor dem Gespräch in die Situation Ihres Gesprächspartners hineinversetzen und sich folgende Fragen stellen: Was kann mein Gesprächspartner über das Thema oder die Angelegenheit wissen? Und: Welcher Aspekt ist ihm aus seiner Position heraus besonders wichtig?

Eine Checkliste zur Gesprächsvorbereitung finden Sie auf der CD.

Gespräche brauchen einen roten Faden

Gespräch in sechs Phasen „Mal sehen, was bei meinem Gespräch herauskommt." Sätze wie diese werden ausgesprochen, wenn man sich nicht sicher ist, ob bei einem Gespräch das herauskommt, was man sich davon erhofft. Und meistens kommt man dann im Gespräch vom Hölzchen aufs Stöckchen, ohne am Ende ein greifbares Ergebnis zu haben.

Wenn Sie Ihren Gesprächen eine Struktur geben, vermeiden Sie von Anfang an, dass das Gespräch in eine falsche Richtung geht. Für professionelle Gespräche hat sich eine Gesprächsstruktur mit sechs Phasen bewährt:

Phase 1: Stimmen Sie sich auf Ihren Gesprächspartner ein

Gute Atmosphäre schaffen Der Ausgang des Gesprächs hängt immer auch davon ab, wie die Gesprächsatmosphäre ist. „Ich bin neugierig auf meinen Gesprächspartner und interessiert am Thema." Dies ist die innere Einstellung, mit der Sie schon fast automatisch eine gute Gesprächsatmosphäre schaffen. Ihre Selbstkundgabe sollte sein: „Das Gespräch ist mir wichtig und ich habe mich gut vorbereitet."

Diese Selbstkundgabe drücken Sie vor allem durch Zeichen aus: In Ihrem Büro oder in einem Besprechungsraum zeigen bereitgestellte Getränke, dass der Gesprächspartner sich wohlfühlen soll. Bereitgelegte Unterlagen sind ein Zeichen dafür, dass Sie sich auf das Gespräch vorbereitet haben. Findet das Gespräch beim Gesprächspartner statt, so bringen Sie Ihre Unterlagen mit. Diese breiten Sie dann aus. Bietet Ihnen Ihr Gesprächspartner Getränke an, sollten Sie dies nicht ablehnen. Denn damit setzen Sie bereits zu Beginn ein erstes negatives Signal. Wenn Sie das Getränk annehmen, können Sie dies nutzen, um durch Ihren Dank eine positive Grundstimmung zu schaffen.

> **Tipp: Starten Sie Ihre Gespräche mit etwas Small Talk**
> In diesem kurzen Gespräch redet man über etwas, nur um miteinander zu reden. Das gemeinsame Miteinander-Sprechen steht hier im Vordergrund. Small Talk ist ein gegenseitiges Abtasten nach Anknüpfungspunkten. Indem Sie dies tun, entsteht eine erste lose positive Beziehung und Vertrautheit.

Phase 2: Stecken Sie das Themenfeld ab

Erst wenn Sie merken, dass sich ein Gesprächsfluss herausgebildet hat, gehen Sie zum Thema über.

Mit dem Übergang zum Thema Ihres Gesprächs stecken Sie den Rahmen ab:

- Sie erläutern nochmals den Anlass für das Gespräch: „Ich erstelle für die Geschäftsleitung ein Konzept. Dazu brauche ich Informationen aus Ihrer Abteilung."
- Sie benennen den zentralen Punkt: „Ich möchte in unserem Gespräch Informationen zu folgendem Thema einholen: ..."
- Sie stellen die Bedeutung des Themas dar: „Dieses Gespräch ist für mich sehr wichtig! Ohne Ihre Informationen kann ich die Störung im Betriebsablauf nicht beheben."

Bevor Sie Ihre Anliegen loswerden können, müssen Sie mit Ihrem Gesprächspartner ein gemeinsames Bild vom folgenden Gespräch haben. Dazu gehören: das Ziel, das Sie verfolgen, die Zeit, die Sie für das Gespräch benötigen und der Inhalt und Umfang der Themen, die Sie besprechen möchten. Erläutern Sie Ihrem Gesprächspartner auch, wie Sie die Ergebnisse festhalten und was Sie damit nach dem Gespräch machen.

Rahmenbedingungen klären

Phase 3: Stellen Sie Fragen, visualisieren Sie die Antworten

„Wenn du es eilig hast, gehe langsam." Dieses Zitat von Lothar J. Seiwert gilt auch für Gespräche. Nehmen Sie sich Zeit, um eine gute Gesprächsatmosphäre und ein gemeinsames Verständnis über das Gespräch mit Ihrem Gesprächspartner herzustellen. Wenn Sie zu früh mit Ihren Themen anfangen, kann es passieren, dass Ihr Gesprächspartner von anderen Voraussetzungen ausgeht und Sie während des Gesprächs noch einmal ein paar Schritte zurückgehen müssen.

Diese dritte Gesprächsphase ist der Hauptteil des Gesprächs: Sie erfragen hier Informationen, klären Sachverhalte oder lösen Probleme.

Informationen werden besser aufgenommen, wenn sie neben dem gesprochenen Wort auch visualisiert sind. Der Gesprächspartner sollte jedoch sehen, welche Notizen Sie sich machen.

Setzen Sie sich „übereck"

Setzen Sie sich deshalb so, dass der Gesprächspartner sehen kann, was Sie mitschreiben. Die Sitzposition „übereck" wir als besonders kommunikativ empfunden und erlaubt, dass Ihr Gesprächspartner sieht, was Sie schreiben. Nach dieser Phase sollten alle am Anfang des Gesprächs zusammengetragenen Punkte angesprochen sein.

Phase 4: Fassen Sie Ergebnisse zusammen

Zeichnen Sie ein Gesamtbild

Im Verlauf eines Gesprächs erhalten Sie viele Informationen. Um den inhaltlichen Teil des Gesprächs abzuschließen, empfehle ich, die wichtigen Punkte nochmals zusammenzufassen. Damit erhält auch Ihr Gesprächspartner ein Gesamtbild und kann gegebenenfalls Dinge ergänzen oder hinzufügen. Zu dieser Gesprächsphase können Sie mit dem folgenden Satz überleiten. „Aus meiner Sicht haben wir jetzt alle Punkte besprochen. Ich fasse nun die Ergebnisse unseres Gesprächs nochmals zusammen."

Phase 5: Verabreden Sie nächste Schritte

Lassen Sie nichts unter den Tisch fallen

Gespräche sind fast immer Auslöser von Aktivitäten, die der eine oder andere Gesprächspartner nach dem Gespräch erledigen muss. Vereinbaren Sie diese Schritte mit Ihrem Gesprächspartner. Dann sind die gegenseitigen Erwartungen klar und jeder kann sich auf die Abmachung beziehen, wenn er ein Ergebnis einfordert. Sie verhindern damit auch, dass eine wichtige Aktivität unter den Tisch fällt.

Phase 6: Schließen Sie das Gespräch ab

Positiver Rückblick

Nutzen Sie die letzte Phase des Gesprächs für einen kleinen Rückblick auf den Inhalt und die Gesprächsatmosphäre. Betonen Sie die positiven Aspekte im Gespräch und bedanken Sie sich für die Zeit und Offenheit. Je positiver Ihrem Gesprächspartner das Gespräch in Erinnerung bleibt, umso leichter werden Sie bei der nächsten Gelegenheit von ihm einen Gesprächstermin bekommen. Danach beenden Sie das Gespräch und verabschieden sich von Ihrem Gesprächspartner.

Einen Leitfaden mit den hier aufgeführten Gesprächsphasen finden Sie auf der CD.

Drei typische Gesprächssituationen

Der Gesprächsverlauf hängt natürlich auch vom Gesprächsgegenstand und vom Kommunikationsmedium ab. Im Folgenden stelle ich Ihnen drei typische Gesprächssituationen vor, die Ihnen in Ihrem beruflichen Alltag begegnen.

Interviews: Mit dem Interview erfragen Sie Informationen von Ihrem Gesprächspartner. Ziel ist es, zu einem Thema so viele Informationen wie möglich zu erhalten.

Verhandlungsgespräche: Jeder hat im Berufsleben eine Rolle. Aus dieser Rolle heraus erwachsen Interessengegensätze, die Sie mit Ihren Arbeitskollegen aushandeln müssen. Mit einem klärenden Gespräch finden Sie eine Lösung für die unterschiedlichen Interessen.

Gespräche am Telefon: Fast alle Themen können Sie telefonisch besprechen. Jedoch hat das Medium Telefon eine Einschränkung: Sie können Ihren Gesprächspartner nicht sehen. Ein weiterer Nachteil kann sein, dass das Telefon Ihre Arbeit und Ihren Gedankenfluss unterbricht und Sie sich schnell auf eine Gesprächssituation einstellen müssen.

Interviews bringen Informationen ans Licht

Interviews kennen Sie aus dem Fernsehen, Rundfunk und der Zeitung. Journalisten befragen Prominente und Experten zu ihrer Person oder zu einem Thema. Nichts anderes tun Sie, wenn Sie einen Mitarbeiter oder einen Experten aus einer anderen Abteilung befragen, um Informationen für Ihre Tätigkeit zu bekommen, die nur Ihr Gesprächspartner Ihnen geben kann. Ihr Informationsbedürfnis bestimmt in einem Interview die Themen.

Informationsbedürfnis bestimmt Thema

Merksatz: Interview

Ein Interview ist eine Befragung mit dem Ziel, Informationen zu einem Sachverhalt zu erhalten, die nur der Interviewte besitzt. Die Themen werden dabei durch das Informationsbedürfnis des Interviewers vorgegeben.

Die Hauptkommunikationsform ist ein Frage-Anwort-Spiel zwischen Ihnen und Ihrem Interviewpartner. Bevor Sie mit Ihren Fragen loslegen, haben Sie bereits den Kontakt mit Ihrem Gesprächspartner hergestellt, erläutert, worum es geht, und den Rahmen des Interviews besprochen.

Frage- und Antwortspiel

Es gibt drei verschieden Fragestrategien für ein Interview:

Drei Fragestrategien

- Diagnose
- strukturiertes Fragen
- Erkunden

Diese sind in Abbildung 7 dargestellt.

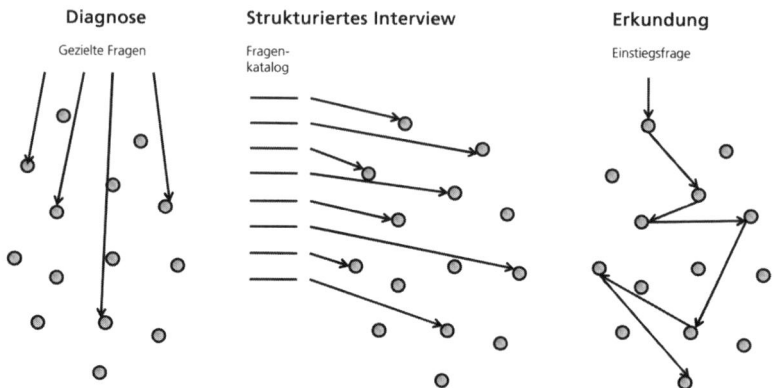

Abbildung 7: Ihre Kenntnis des Themas bestimmt, welche Fragestrategie Sie anwenden.

Diagnose: Hier wollen Sie schnell eine bestimmte Information erhalten. Die möglichen Antworten kennen Sie bereits, sodass Sie hier geschlossene Fragen stellen können. Diese Interviewsituation ist typisch, wenn es darum geht, Fehler zu beheben oder Aufgaben erledigen zu lassen.

Strukturiertes Interview: Bei dieser Fragestrategie kennen Sie das Thema und können daraus Ihre Fragen ableiten. Zur Vorbereitung erstellen Sie einen Fragenkatalog. Eine typische Gesprächssituation ist die Datenerhebung, um einer Fragestellung nachzugehen.

Erkundung: Bei dieser Fragestrategie kennen Sie das Thema nur in grobem Umfang. Die Einzelheiten der Aspekte ergeben sich erst während des Interviews. Sie beginnen mit einer möglichst allgemeinen Frage. Aus der Antwort Ihres Gesprächspartners leiten Sie dann Ihre nächste Frage ab. Diese Strategie wird typischerweise eingesetzt, um Aufgaben zu klären oder den Leistungsumfang eines Produkts zu erfragen.

Bei der Vorbereitung eines Interviews sollten Sie immer einen Leitfaden erstellen. Darin halten Sie die Fragen fest, auf die Sie eine Antwort benötigen. Für eine Erkundung bietet sich an, eine Mindmap zu erstellen. Damit bleiben Sie während der Gesprächsführung flexibel.

 Einen Leitfaden, der Ihnen für die Durchführung von Interviews eine Grundstruktur vermittelt, finden Sie auf der CD.

Checkliste: So bereiten Sie ein Interview vor	
• Legen Sie fest, welches Ziel Sie erreichen wollen.	
• Sammeln Sie die Fragen, die Sie stellen müssen.	
• Ordnen Sie die Fragen in einer für den Gesprächspartner nachvollziehbaren Reihenfolge.	
• Erstellen Sie einen Interviewleitfaden oder bereiten Sie eine Mindmap vor.	
• Legen Sie fest, wie Sie die Ergebnisse dokumentieren: Mitschreiben auf dem Notebook, handschriftliche Notizen oder ein vorbereiteter Fragenkatalog, zu dem Sie die Antworten aufschreiben, sind drei Formen, wie Sie Ihr Gespräch festhalten können.	
• Überlegen Sie, wie Sie sich bei Ihrem Gesprächspartner bedanken können.	

Verhandeln heißt fair handeln

Verhandlungsgeschick wird in vielen Stellenanzeigen von den Bewerbern gefordert. Aber was ist das? Pokern um den eigenen Standpunkt? Durch Salamitaktik dem Partner nacheinander ein Zugeständnis nach dem anderen abringen? Oder ihn durch Druck in die Knie zwingen? Ich sage: keines von alledem. Verhandlungsgeschick zeigt sich darin, dass es Ihnen gelingt, für Sie und Ihren Verhandlungspartner eine faire Lösung zu finden. Nur so können Sie damit rechnen, dass Ihr Verhandlungspartner auch nach der Verhandlung zum Ergebnis steht und unfaires Vorgehen nicht bei der nächsten Gelegenheit mit der gleichen Münze heimzahlt.

Verhandlungsgeschick als Qualifikation

Verhandeln gehört in Unternehmen zum Tagesgeschäft. Sie verhandeln mit Kunden, mit Kollegen aus anderen Abteilungen, aber auch mit Ihrem Chef, wenn es um Arbeitsbedingungen oder um ein höheres Gehalt geht. In Verhandlungsgesprächen haben beide Partner unterschiedliche Interessen, die jeder aus seiner subjektiven Sicht zunächst einmal durchsetzen möchte. Der Kunde will eine gute Ware zu einem niedrigen Preis, der Verkäufer für seine Ware einen möglichst hohen Preis. Die eine Abteilung favorisiert Lösung A, die andere Lösung B. Sie hätten gern ein möglichst hohes Gehalt und Ihr Unternehmen möchte lieber einen möglichst niedrigen Lohn bezahlen.

Unterschiedliche Interessen ...

In diesen Situationen sind beide Seiten gezwungen, eine gemeinsame Lösung zu finden – denn der Kauf findet nicht statt, wenn Käufer und Verkäufer sich nicht über den Preis einigen, ein Vorhaben wird nicht umgesetzt, wenn die beteiligten Abteilungen

... gemeinsame Lösung

keine gemeinsame Lösung finden, und Sie sind unzufrieden, wenn Sie keinen fairen Lohn für Ihre Arbeit erhalten.

Merksatz: Verhandlungsgespräch

Eine Verhandlung ist ein Gespräch mit dem Ziel, eine verbindliche Übereinkunft zu erreichen. Die Verhandlungspartner haben dabei sowohl gemeinsame als auch unterschiedliche Interessen. Erfolgreich ist eine Verhandlung dann, wenn das Ergebnis die Interessen der beiden Parteien so gut wie möglich berücksichtigt.

Bei Verhandlungen gibt es keine objektiv guten oder objektiv schlechten Lösungen. Die Lösung entsteht durch die Verhandlung selbst. Beide Parteien erarbeiten sie miteinander und sie ist das gemeinschaftliche Ergebnis der Verhandlung. Dazu müssen aber beide, obwohl sie ganz unterschiedliche Interessen verfolgen, gemeinsam – und nicht gegeneinander – an dieser Lösung arbeiten.

Voraussetzungen für Verhandlung Nicht über alles kann oder muss verhandelt werden. Verhandeln Sie nur dann, wenn die folgenden Voraussetzungen vorliegen:

- Sie und Ihre Verhandlungspartner wollen oder müssen sich einigen.
- Keine der Parteien fordert von der jeweils anderen etwas, was diese nicht erfüllen kann.
- Es gibt sich widersprechende, aber auch gemeinsame Interessen.
- Es gibt viele Gesichtspunkte und Aspekte, die eine Rolle spielen, und damit viele Ansatzpunkte, eine für beide Parteien gewinnbringende Lösung zu finden.

Fairness als Grundeinstellung In eine Verhandlung sollten Sie grundsätzlich mit folgender Einstellung gehen: „Ich bin fair zur mir gegenübersitzenden Person, aber hart in der Sache." Mehr noch als in anderen Gesprächen müssen Sie in Verhandlungen die Sachebene und die Beziehungsebene trennen. Während Sie in der Beziehung zu Ihrem Verhandlungspartner freundlich, interessiert und aufgeschlossen sind, machen Sie auf der Sachebene Ihre Position deutlich und wahren Ihre Interessen. Erfolgreich sind Sie dann, wenn Sie mit Ihrem Verhandlungspartner nach einer Lösung suchen, mit der möglichst viele Interessen beider Seiten abgedeckt sind.

Positionen sollten veränderbar sein Die Interessen in den Mittelpunkt stellen heißt nicht, die Positionen in der Verhandlung zu ignorieren, sondern sie als Ausgangspunkt für eine gemeinsame Position zu nehmen. Beide

Parteien tun dies, indem sie die Position des jeweils anderen Partners erfragen und ihre eigene Position darstellen. Nur so wird klar, was eigentlich verhandelt werden muss. Position beziehen heißt nicht, auf der Position zu beharren. Es muss immer auch signalisiert werden, dass man bereit ist, die Position zu verändern.

Bei der Lösungsfindung steht die folgende Frage im Mittelpunkt: Durch welche Lösungen könnten die Interessen beider Parteien abgedeckt werden? Verhandeln heißt dann: Die Lösungsoptionen danach abzuwägen und zu bewerten, inwieweit sie den gemeinsamen Interessen dienen. Die Einigung besteht darin, dass eine Lösung gefunden wird, bei der beide Parteien einen möglichst großen Anteil ihrer Interessen wiederfinden.

In dieser Phase des Gesprächs müssen Sie argumentieren und auf Argumente Ihres Verhandlungspartners antworten.

Tipp: Das sollten Sie bei einer Verhandlung beachten

Wenn Sie mit Ihrem Verhandlungspartner um eine Lösung ringen, dann sollten Sie die folgenden Punkte beachten:

- Erkennen Sie die Interessen der Gegenseite an.
- Schreiben Sie die Interessen auf, die im Spiel sind.
- Stellen Sie das Problem erst dar, bevor Sie antworten.
- Schauen Sie nach vorne, nicht rückwärts.
- Seien Sie bestimmt, aber flexibel.

Auf der CD sind in einem Merkblatt Argumentationsformen zusammengestellt, die Sie in Ihren Verhandlungen nutzen können.

Selbst wenn Sie fair argumentieren, schützt Sie das nicht davor, dass Ihr Verhandlungspartner mit unfairen Mitteln arbeitet. Wenn Sie dies merken, werden Sie auf keinen Fall emotional. Bleiben Sie sachlich: Stellen Sie Fragen oder antworten Sie mit sachlichen Argumenten.

Auf der CD finden Sie eine Zusammenstellung der am häufigsten angewandten unfairen Taktiken mit Beispielen, wie Sie diese abwehren können.

Das Telefon, die schnelle Verbindung

Mit dem Telefon – oder besser gesagt mit dem Handy – sind unsere Gesprächspartner immer und überall erreichbar. Das Gleiche gilt auch für uns. Auch wir sind durch das Telefon immer und an praktisch jedem Ort der Welt an die Strippe zu bekommen. Das Telefon verbindet höchste Mobilität mit der Möglichkeit, in einen direkten Austausch mit unserem Gesprächspartnern zu treten. Je weiter wir von unseren Gesprächspartner entfernt sind, umso mehr sind Telefongespräche die einzige Möglichkeit, ins Gespräch zu kommen.

Tipp: Telefonieren Sie immer in Ruhe

Mit einem Handy sind Sie immer und überall erreichbar. Ein Anruf unterbricht Sie nicht nur bei einer Aufgabe, sondern erwischt Sie auch noch an Orten, die für ein Gespräch ungeeignet sind. Erhalten Sie einen Anruf am Bahnhof, im Bus oder auf einer belebten Straße, teilen Sie es Ihrem Gesprächspartner mit. Fragen Sie ihn, ob Sie zurückrufen können, oder bitten Sie ihn, einen Moment zu warten, bis Sie einen ruhigen Ort gefunden haben. Lassen Sie den Anrufer lieber auf die Mailbox sprechen, wenn Sie nicht in Ruhe telefonieren können.

Einschränkungen beim Telefonieren — Das Telefon schränkt die Kommunikation jedoch auch ein: Wir sehen den Gesprächspartner nicht und die Telefonleitung überträgt auch nicht die ganze Bandbreite unserer Stimme – abgesehen davon, dass die Verbindung nicht immer perfekt ist und Hintergrundgeräusche das Gespräch stören. Telefonieren ist deshalb etwas anderes als ein persönliches Gespräch. Zum Telefon greifen Sie dann,

- wenn Sie einen Sachverhalt klären wollen,
- wenn es dringend ist,
- wenn ein persönliches Gespräch aufgrund der Entfernung nicht möglich ist.

Setzen Sie Ihre Stimme bewusst ein — Ob Ihr Gesprächspartner Sie positiv oder negativ in Erinnerung behält, bestimmt bei einem Telefonat wesentlich Ihre Stimme und die Art und Weise, wie Sie sprechen. Emotionale Botschaften übermitteln Sie beim Telefonat fast ausschließlich über Ihre Stimme. Menschen mit einer sog. Telefonstimme sprechen deutlich, betont und in einer für das Ohr angenehmen Stimmlage. Setzen Sie bei einem Telefonat Ihre Stimme also bewusst ein. Dazu haben Sie fünf Stellschrauben:

Tempo: Sprechen Sie lieber langsam als zu schnell.

Lautstärke: Normale Zimmerlautstärke reicht aus, dass der Gesprächspartner Sie gut versteht. Wenn die Verbindung schlecht ist oder es Hintergrundgeräusche gibt, dann sprechen Sie lieber etwas lauter.

Stimmlage: Eine tiefe Stimme wirkt angenehmer als eine hohe Stimme.

Dynamik: Durch die Betonung von Wörtern bringen Sie Spannung in Ihre Aussage und der Gesprächspartner kann Ihnen besser folgen.

Deutlichkeit: Verschlucken Sie keine Silben und vermeiden Sie Dialekt, wenn der Gesprächspartner diesen nicht versteht.

Wenn Sie keinen festen Telefontermin vereinbart haben, dann unterbricht ein Telefongespräch immer die Tätigkeit Ihres Gesprächspartners. Hier müssen Sie damit rechnen, dass er sich erst auf das Gespräch einstellen muss. Werden Sie angerufen, dann müssen Sie sich binnen Sekunden auf den Dialog einlassen.

Schnelles Einstellen auf das Gespräch

Stellen Sie sich auf Ihren Anrufer ein

Das Telefon klingelt. Jemand möchte Sie sprechen, etwas von Ihnen erfahren oder Ihnen etwas mitteilen. Der Anrufer erwartet, dass Sie sich voll und ganz auf sein Anliegen einstellen, während Sie mit dem Kopf noch bei einem ganz anderen Thema sind. Jetzt haben Sie maximal 30 Sekunden Zeit, sich auf diese Situation einzustellen. Denn so lange dauert es, damit das Telefon fünfmal klingelt – die Zeit, die Ihr Anrufer wartet, bis Sie den Hörer abgehoben haben.

Die ersten Sekunden entscheiden – wie bei jedem anderen Gespräch – über die Atmosphäre und bei einem unbekannten Anrufer über Sympathie oder Antipathie.

Die ersten Sekunden entscheiden

Checkliste: So stellen Sie sich auf ein unerwartetes Telefongespräch ein	
Atmen Sie durch, bevor Sie zum Telefonhörer greifen.	
Richten Sie Ihre volle Aufmerksamkeit auf den Anrufer.	
Notieren Sie bei einem unbekannten Anrufer Namen und Funktion. Sprechen Sie ihn dann im Gespräch immer mit seinem Namen an.	
Seien Sie freundlich und vermitteln Sie eine positive Stimmung.	
Achten Sie auf Ihre Körperhaltung. Sie werden zwar nicht gesehen, aber Ihre Körperhaltung drückt sich auch in Ihrer Stimme aus.	
Sollten Sie im Stress sein, dann lassen Sie den Anrufer lieber auf den Anrufbeantworter sprechen.	

Bei einem Telefongespräch werden Sie nicht alles behalten können, was Sie besprechen. Ihre Gesprächsnotizen sind die Stützen Ihres Gedächtnisses. Deshalb gehören neben jedes Telefon Block und Stifte.

Machen Sie es Ihrem Gesprächspartner leicht

Wenn Sie anrufen, dann sind Sie im Vorteil. Sie können sich auf das Gespräch vorbreiten, den für Sie richtigen Zeitpunkt wählen und von einem ruhigen Ort aus telefonieren. Denken Sie immer daran, dass sich Ihr Gesprächspartner nicht vorbereiten konnte und Zeitpunkt und Ort für ihn vielleicht ungünstig sind. In der Regel sind Sie, wenn Sie anrufen, der Gesprächsführer.

Checkliste: So schaffen Sie sich eine gute Ausgangsposition bei Ihrem Gesprächspartner	
Melden Sie sich freundlich und deutlich am Telefon. Sprechen Sie Ihren Namen deutlich aus und – falls der Gesprächspartner Sie nicht kennt – nennen Sie Ihre Funktion und geben Sie so viele weitere Informationen, dass der Gesprächspartner Sie zuordnen kann.	
Teilen Sie Ihrem Gesprächspartner mit, worum es geht.	
Eröffnen Sie das Gespräch mit einer positiven Aussage oder beziehen Sie sich auf Ereignisse, die Sie beide kennen. Suchen Sie eine Gemeinsamkeit, um eine Basis für das Gespräch herzustellen.	
Fragen Sie, ob Ihr Gesprächspartner Zeit hat, wenn Sie vorhaben, länger mit ihm zu telefonieren.	
Lassen Sie Ihrem Gesprächspartner Zeit, sich auf Sie und das Telefonat einzustellen.	

Tipp: Stellen Sie sicher, dass der Angerufene Ihren Namen versteht

So erreichen Sie, dass der Angerufene Ihren Namen richtig versteht:

- Nennen Sie zuerst den Firmennamen, machen Sie eine Pause und dann erst nennen Sie Ihren Namen.

- Machen Sie Ihren Namen so deutlich wie möglich. Nennen Sie ihn zweimal: „Mein Name ist Bond, James Bond" oder bauen Sie eine Eselsbrücke: „Mein Name ist Besser. Besser wie gut". Oder buchstabieren Sie Ihren Namen.

Nach dem Gespräch ist vor dem Gespräch. Dieser Satz gilt für all Ihre Gespräche, denn mit jedem Gespräch haben Sie Erfahrungen gemacht und etwas dazugelernt, um Ihr nächstes Gespräch noch besser zu führen. Nehmen Sie sich nach jedem Gespräch Zeit für ein zumindest kurzes Review und notieren Sie die Dinge, die Sie das nächste Mal anders machen möchten.

Auf der CD finden Sie eine Checkliste, mit der Sie feststellen können, was in Ihren Gesprächen gut oder weniger gut war.

Zusammenfassung

Ihre Kompetenz in Gesprächen:

- Eröffnen Sie das Gespräch positiv. Dies schafft einen guten Einstieg in das Gespräch.
- Stecken Sie das Themenfeld ab. So entwickeln Sie mit Ihrem Gesprächspartner ein gemeinsames Bild über den Gesprächsverlauf.
- Stellen Sie Fragen und visualisieren Sie die Antworten. Damit steuern Sie das Gespräch und halten dessen Ergebnisse fest.
- Fassen Sie Ergebnisse zusammen. Die Zusammenfassung stellt noch einmal die wichtigsten Ergebnisse heraus.
- Legen Sie die nächsten Schritte fest. Auf diese Weise können die Gesprächspartner die Umsetzung ihrer Vereinbarungen kontrollieren.
- Schließen Sie das Gespräch positiv ab. Ist die Gesprächsatmosphäre am Ende positiv, so bleibt das ganze Gespräch in guter Erinnerung.
- Halten Sie Blickkontakt. Er signalisiert Ihrem Gesprächspartner, dass Sie in Kontakt mit ihm sind.
- Bereiten Sie sich gut auf Ihre Gespräche vor. So bekommen Sie automatisch die richtige Einstellung und Haltung für das Gespräch.

Im Team arbeiten

Die Meinungen über Teamarbeit gehen weit auseinander. Während die einen begeistert sind, wenn sie mit einem Team von Kollegen eine Aufgabe bewältigen, tun andere Teamarbeit mit dem Spruch ab: „Teamwork ist, wenn fünf Leute für etwas bezahlt werden, was vier billiger tun könnten, wenn sie nur zu dritt wären und zwei davon verhindert." Teamarbeit ist an sich weder gut noch schlecht. Wie wir die Arbeit im Team erleben, hängt davon ab, wie wir im Team zusammenarbeiten. Die folgenden zwei Beispiele zeigen, wie durch das Verhalten des Teamleiters die gleiche Situation einen völlig unterschiedlichen Verlauf nimmt.

Kick-off-Meeting – missglückt oder erfolgreich?

Die Planung für das Kick-off mit dem Team des Projekts „Atlas" war perfekt. Der Projektleiter hatte viel Mühe in die Gestaltung seiner Präsentation gesteckt. Er stellt dem Projektteam drei Stunden lang das Projekt mit allen Details vor. Auf seine Aufforderung auf der letzten Folie „Ihre Fragen bitte" wurden nur wenige Fragen gestellt, aber viele Bedenken geäußert, ob das Projekt wohl ein Erfolg würde. Vom Kick-off ist der Projektleiter enttäuscht. Er erwartete eine rege Diskussion und konkrete Vorschläge, wie die einzelnen Teilteams das Projekt anpacken wollten. Aber auch die Teammitglieder sind niedergeschlagen – denn ihnen war am Ende noch immer nicht klar, was das Ziel des Projekts sein sollte.

Im Tagungsraum nebenan startet ebenfalls ein Projekt – das Projekt „Orion". Schon in der ersten Pause konnte man die lockere Stimmung und die freudige Erwartung spüren. Für den Projektleiter war es wichtig, dass sich die Teammitglieder persönlich kennenlernten. Aus diesem Grund hatte er auch zwei Tage eingeplant. Die Vorstellung des Projekts hatte innerhalb des Kick-offs einen wichtigen Platz, denn die Teammitglieder sollten ja wissen, was ihre Aufgabe in den nächsten neun Monaten sein würden. Er hatte seine Präsentation eher kurz gehalten. Dafür hatte er im Anschluss kleinen Arbeitsgruppen viel Zeit gegeben, die wichtigsten Aspekte des Projekts ausführlich zu diskutieren. Selbst am Abend hatte es noch viele fachliche Gespräche gegeben. Nach dem Kick-off war der Projektleiter über das Feedback froh. Ein Teammitglied nach dem anderen schilderte sein Fazit der zwei Tage: „Ich habe meine Kollegen kennengelernt. Ich freue mich, mit ihnen zusammenzuarbeiten." „Mir ist mein Auftrag klar geworden." „Wir sind in den zwei Tagen schon ein bisschen wie ein Team zusammengewachsen." So lauteten einige Aussagen der Teilnehmer.

Im zweiten Fall ist es dem Projektleiter gelungen, einen sozialen Prozess im Team in Gang zu setzen. Er weiß, dass ein Kick-off mit den Projektmitgliedern die erste gemeinsame Veranstaltung ist. Vielleicht kennen sich einige Mitarbeiter schon. Trotzdem ist für alle die Ausgangslage bei jedem Projektstart gleich. Als Team haben die Mitarbeiter noch keine sozialen Beziehungen untereinander entwickelt. Ihr Interesse ist es deshalb, die anderen im Team kennen und einschätzen zu lernen.

Für den Projektleiter des Projekts „Atlas" steht die Sache im Vordergrund. Während die Teilnehmer emotional noch mit sich selbst beschäftig sind, erwartet der Projektleiter, dass sie sich inhaltlich mit dem Projekt auseinandersetzen und für Details schon Lösungsvorschläge machen.

Gute Zusammenarbeit entscheidend

Der Erfolg von Teamarbeit hängt zu einem großen Teil davon ab, wie gut die Teammitglieder zusammenarbeiten. Und dies gilt nicht nur für Projekte. Es gilt auch für Arbeitsgruppen, Workshops, Besprechungen und Abteilungen. Es gilt immer dann, wenn nicht die Kompetenz eines jeden Einzelnen den Ausschlag gibt, sondern das Zusammenspiel der Kompetenzen der Teammitglieder untereinander.

Wie Sie als Teammitglied und als Teamleiter erfolgreich im Team arbeiten, zeige ich in den folgenden Kapiteln:

- Teamarbeit: Ohne Kooperation geht es nicht
- Moderieren: Ergebnisse gemeinsam erarbeiten
- Meetings: Informationen austauschen und Entscheidungen fällen
- Konflikte: Aus Interessengegensätzen wird ein handfester Streit

Teamarbeit: Ohne Kooperation geht es nicht

Wenn du schnell sein willst, dann gehe allein,
wenn du weit kommen willst, dann gehe mit anderen.
(Afrikanisches Sprichwort)

„Was verbinden Sie mit dem Wort ‚Team'?" Diese Frage stelle ich immer, wenn es in Workshops um die Zusammenarbeit im Team geht. Und hier ist eine Auswahl der Antworten: Zusammenarbeit, gegenseitige Unterstützung, gemeinsames Ziel, Teamgeist, viele Diskussionen, unterschiedliche Interessen, jeder kann sich einbringen. Die Mehrzahl der Antworten bezieht sich immer auf Eigenschaften, die wir mit etwas Positivem verbinden. Und dies hat seinen Grund: In der Menschheitsgeschichte ist Teamarbeit die ursprüngliche Arbeitsform und es ist die Arbeitsform, in der die Menschen die meisten Möglichkeiten haben, die Arbeit und die Arbeitsweise mitzubestimmen.

Große Organisationen und Arbeitsteilung haben die Arbeit in Gruppen zurückgedrängt. Jedoch hat die Teamarbeit in den letzten Jahren eine Renaissance erlebt: Denn immer dort, wo die Arbeitsteilung an ihre Grenze stößt, ein Produkt nur durch die Kompetenz mehrerer Mitarbeiter entwickelt und eine Lösung nur gemeinsam gefunden werden kann, ist Teamarbeit angesagt. Auch dann, wenn bei Entscheidungen eine Vielzahl von Faktoren zu berücksichtigen ist, müssen Arbeitsgruppen oder Leitungsteams in Meetings und Workshops nach der bestmöglichen Alternative suchen.

In diesem Kapitel erhalten Sie Antworten auf die folgenden Fragen:

- Warum ist Teamarbeit erfolgreich?
- Was muss ein Team bewältigen?
- Wie findet jeder seinen Platz im Team?
- Wie entwickelt sich ein Team?
- Was sind die Aufgaben eines Teamleiters?
- Wie steuere ich einen Team-Entwicklungsprozess?

Teamarbeit ist erfolgreich

Teams sind ein fester Bestandteil der Arbeitswelt. Dabei gibt es sehr unterschiedliche Formen: Sie reichen von Projektteams über Arbeitsgruppen bis hin zu Abteilungen, bei denen die Mitarbeiter eng verzahnt miteinander arbeiten. Menschen arbeiten dann in Teams erfolgreich, wenn sich im Zusammenspiel der Teammitglieder keiner mit seiner individuellen Position durchsetzt, sondern die gesamte Erfahrung und Kompetenz aller für die Bewältigung der Aufgaben genutzt werden.

Kompetenz aller nutzen

Merksatz: Teamfähigkeit

Eine Person ist genau dann teamfähig, wenn sie nicht gegen Menschen, sondern zusammen mit ihnen ein Problem bewältigt. Eine Gruppe ist genau dann ein Team, wenn sie gemeinsam eine optimale Problemlösung anstrebt und dabei kein Mitglied gegen ein anderes kämpft.

Teams schaffen Aufgaben, die sie sich selbst nicht zugetraut hätten. Viele Teamübungen führen Teilnehmern diesen Effekt immer wieder eindrucksvoll vor – denn ein Team ist mehr als die Summe seiner Mitglieder. Jedes Teammitglied fühlt sich persönlich für das Ergebnis verantwortlich und jeder weiß, dass es auf seinen Beitrag ankommt.

Mehr als die Summe seiner Teile

Auch bei der Qualität von Entscheidungen liegen Teams vorne. Die Teammitglieder beziehen viele Aspekte und Sichtweisen in die Entscheidungsfindung mit ein. Dadurch sinkt die Gefahr, dass wichtige Punkte übersehen werden.

Identifikation mit der Aufgabe Die Mitglieder identifizieren sich in hohem Maße mit ihrem Team und der zu erledigenden Aufgabe, denn jeder ist davon überzeugt, persönlich etwas im Team bewegen zu können. Dabei entwickelt jedes Team einen eigenen Arbeitsstil und gemeinsame Werte, die von gegenseitigem Respekt und Kooperationsbereitschaft geprägt sind.

Teammitglieder akzeptieren die individuellen Meinungen, Wünsche und Vorstellungen der anderen. Sie hören sich gegenseitig zu und tauschen ihre Ansichten im Dialog aus. Im Vordergrund steht nicht das Beharren auf der eigenen Meinung, sondern alle entwickeln ein gemeinsames Verständnis der Situation im Team.

Gemeinsames Ziel Alle im Team verfolgen ein gemeinsames Ziel und jeder im Team trägt in seiner Rolle dazu bei, dass das Ziel erreicht wird. Dies führt dazu, dass Teammitglieder hoch motiviert sind und Höchstleistungen vollbringen können. Jeder merkt sofort: Dies ist eine zusammengehörige Gruppe, die stolz auf ihre Leistung ist.

Im Team hat jeder eine Funktion

Menschen arbeiten in Teams gut zusammen, weil jeder eine Funktion hat und durch deren Zusammenspiel die Teamleistung entsteht. Charles Margerison und Dick McCann von der Queensland University in Brisbane, Australien, haben herausgefunden, dass man acht Arbeitsfunktionen in Teams unterscheiden kann. Ein Team vollbringt Höchstleistungen, wenn alle diese Arbeitsfunktionen wahrgenommen und gebündelt werden. Der Umkehrschluss ist jedoch genauso richtig: Fehlt eine der Arbeitsfunktionen, dann wird das Team nicht in vollem Umfang arbeitsfähig sein.

Merksatz: Arbeitsfunktionen

Arbeitsfunktionen beschreiben die für den Erfolg von Teams wichtigen Aufgabenbereiche. Sie müssen alle erfüllt sein, damit ein Team erfolgreich ist.

Die acht Arbeitsfunktionen sind:

Beraten: In dieser Funktion beschaffen Teammitglieder Informationen und geben diese im Team weiter. Sie analysieren Berichte, halten Kontakt mit anderen Mitgliedern der Organisation und bereiten die Informationen so auf, dass sie den Teammitgliedern zu Verfügung stehen.

Innovationen erarbeiten: In dieser Funktion sind die Teammitglieder kreativ. Sie entwickeln Ideen, beschreiten neue Wege und stellen altbekannte Verfahren infrage.

Promoten: Nur wenn ein Team es versteht, seine Ideen an den Mann oder die Frau zu bringen, wird es auch die notwendige Unterstützung und die erforderlichen Ressourcen erhalten, um die Aufgabe gut realisieren zu können. Diese Funktion wird ausgefüllt, wenn Teammitglieder Kontakt zu möglichst vielen Personen in der Organisation aufnehmen, diese ansprechen und versuchen, sie für die Aufgabe des Teams zu begeistern.

Networking führt zum Erfolg

Entwickeln: „Entwickeln" bedeutet, Ideen auf ihre Praxistauglichkeit zu prüfen und Lösungen zu finden, die unter den vorhandenen Rahmenbedingungen umgesetzt werden können. Durch diese Funktion erreicht das Team, dass es nur ausgereifte Ideen weiterverfolgt.

Ausgereifte Ideen verfolgen

Organisieren: Organisieren ist die geistige Leistung, mit der die Umsetzung der Ideen vorbereitet wird. Organisieren bedeutet, Pläne zu erstellen, Strukturen zu entwickeln und die Mittel für die Umsetzung bereitzustellen. Wenn Teammitglieder diese Funktion wahrnehmen, planen sie die Arbeitsweise im Team und sorgen dafür, dass das Ziel erreicht wird.

Effektive Arbeitsweise

Umsetzen: In der Umsetzung schreitet das Team zur Tat. Es werden die Produkte und Dienstleistungen hergestellt und angeboten, für die das Team eingerichtet wurde. In dieser Funktion werden die Abläufe im Team erarbeitet, strukturiert und systematisiert.

Überwachen: „Überwachen" bedeutet nicht, Menschen zu kontrollieren, sondern zu überprüfen, ob das gewünschte Ergebnis produziert wird. Mit der Funktion „Überwachen" erreicht das Team, dass seine Ergebnisse eine hohe Qualität haben.

Qualität sichern

Stabilisieren: Teammitglieder, die diese Funktion übernehmen, agieren meist im Hintergrund. Diese Arbeitsfunktion wird oft erst dann wahrgenommen, wenn sie fehlt: Mitglieder, die stabilisieren, sorgen dafür, dass die Infrastruktur funktioniert, aber auch dafür, dass alle im Team motiviert sind und motiviert bleiben.

Arbeitsfähigkeit erhalten

Auf der CD sind die Arbeitsfunktionen in einer Übersicht zusammengestellt.

Übung: Teamanalyse

Machen Sie eine Teamanalyse: Schreiben Sie auf, wer in Ihrem Team welche Aufgaben wahrnimmt. Erstellen Sie dazu eine Tabelle aller Arbeitsfunktionen und schreiben Sie hinter jede Funktion, wer sie wahrnimmt. Dazu können Sie die Checkliste „Arbeitsfunktionen" auf der CD nutzen.

Analysieren Sie dann folgende Punkte:

- Welche Funktionen sind nicht oder nicht genügend besetzt?
- In welchen Funktionen gibt es zu viele Teammitglieder?
- Sind die Funktionen optimal besetzt?

Arbeitspräferenzen zeigen die Vorlieben der Teammitglieder

Begeisterung bringt Höchstleistungen

Fehler und Demotivation sind vorprogrammiert, wenn Menschen etwas tun müssen, was sie nicht gerne tun oder nicht gut können. Höchstleistungen dagegen entstehen dann, wenn sie das tun, was sie gerne tun. Margerisons und McCanns These ist: „In einem Team, in dem jeder Einzelne viel von dem tut, was er gerne tut, erhöhen sich die Energie, die Begeisterung, das Engagement und die Motivation um ein Vielfaches – und dann entsteht ein Hochleistungsteam."

Die Dinge, die wir gerne tun, bezeichnen sie als Arbeitspräferenzen. Diese sind jedoch nicht mit den Kompetenzen eines Teammitglieds gleichzusetzen. Jemand, der fit in PowerPoint ist, erstellt noch lange nicht gerne Folien für Präsentationen. Nicht selten kommt es vor, dass Menschen im betrieblichen Alltag Kompetenzen für Bereiche erwerben, für die sie nur eine geringe Präferenz haben.

Merksatz: Kompetenz und Präferenz

Kompetenzen beschreiben das Wissen, die Fähigkeiten und Fertigkeiten eines Menschen. Die Präferenz beschreibt das, wozu er motiviert ist. Arbeitspräferenzen sind so etwas wie Lieblingsrollen im Team. Es sind die Rollen, die ein Teammitglied gerne übernimmt und in denen es aufgeht.

Natürlich hängen Kompetenzen und Präferenzen eng zusammen. Denn je mehr wir für eine Sache motiviert sind, umso leichter fällt es, uns in diesem Bereich Wissen und Fertigkeiten anzueignen. Es ist jedoch eine Illusion, dass wir im Arbeitsleben nur Dinge tun können, die wir gerne tun. Ziel einer guten Arbeitsverteilung im Team ist es jedoch, die Teammitglieder so einzusetzen, dass sie überwiegend die Funktionen übernehmen, die auch ihrer Arbeitspräferenz entsprechen.

Jedes Teammitglied hat häufig eine Präferenz für einige wenige Arbeitsfunktionen. Das heißt, man ist in diesen Tätigkeitsbereichen von sich aus gerne tätig. Die folgenden acht Teamrollen lassen sich unterscheiden:

Informierte Berater: Mitarbeiter mit dieser Arbeitspräferenz sind von sich aus informationshungrig: Sie recherchieren und sammeln Informationen und geben sie an andere weiter. Sie wissen nicht alles, aber sie wissen, wo man Informationen erhält. Sie haben ein großes Netzwerk an Informanten und sind Meister im „Informationshandel". Teammitglieder mit dieser Arbeitspräferenz achten darauf, dass die Informationen auch dorthin gelangen, wo sie gebraucht werden. Sie freuen sich, wenn man bei ihnen Informationen anfragt. Ihr Motto lautet: „Ich bin informiert, damit ich andere informieren kann."

Informationssammler mit Netzwerk

Kreativer Innovator: Kreative Innovatoren sind Quer- und Vordenker. Sie haben Ideen und Visionen, die oft weit in die Zukunft reichen. Sie neigen zur Unabhängigkeit und stellen den Status quo infrage – jedoch in positivem Sinne: Sie wollen neue Produkte, Dienstleistungen und Prozesse initiieren. Sie kennzeichnet großes Vorstellungsvermögen und Flexibilität.

Quer- und Vordenker

Entdeckende Promotoren: Teammitglieder mit dieser Arbeitspräferenz greifen die Ideen anderer auf und verstehen es durch ihre hohe Kommunikationsbereitschaft, andere dafür zu interessieren und zu begeistern. Sie wissen, was im Team, in der Organisation und im Markt geschieht, und haben einen Blick für das Ganze entwickelt. Sie sind oft geborene Präsentatoren und Rhetoriker und haben Verkaufstalent.

Auswählender Entwickler: Menschen mit dieser Arbeitspräferenz sind die Schnittstelle zwischen Idee und Tat. Sie greifen die Ideen anderer auf, um sie dann auf deren Brauchbarkeit und deren Marktchancen zu analysieren. Sie sind diejenigen, die eine Idee bis zur Marktreife entwickeln. Dazu stellen sie Prototypen her und führen Marktstudien durch. Es sind Menschen mit einem Blick für das Machbare und einer großen Durchsetzungsfähigkeit.

Schnittstelle zwischen Idee und Tat

Zielstrebiger Organisator: Zielstrebige Organisatoren sind die Planer im Team. Sie haben das Ziel fest im Blick und schaffen die Rahmenbedingungen, damit es realisiert werden kann. Es sind Menschen, die nach vorne drängen und dafür sorgen, dass Aufgaben erfüllt werden.

Systematischer Umsetzer: Teammitglieder mit dieser Arbeitspräferenz sind die Routinearbeiter im Team. Sie fühlen sich wohl, wenn sie ein Produkt oder eine Dienstleistung nach einem vorgegebenen Standard herstellen können. Dazu brauchen sie festgelegte Verfahren, nach denen sie systematisch arbeiten. Sie sind der Gegenpol zum kreativen Innovator. Für den systematischen Umsetzer ist es wichtig, dass er seine Fähigkeiten einsetzen kann und nicht immer wieder mit neuen Arbeitsweisen konfrontiert wird.

Kontrollierender Überwacher: Kontrollierende Überwacher sind die idealen Qualitätssicherer. Sie sorgen dafür, dass Zahlen, Daten und Fakten stimmen. Sie arbeiten genau und haben einen großen Sinn für Vollständigkeit und Korrektheit. Mitarbeiter mit dieser Arbeitspräferenz verfolgen eine Aufgabe gerne und gründlich und kümmern sich darum, dass die Arbeiten nach Plan und korrekt ausgeführt werden. Sie sind im Team wichtig, wenn Rechnungen geprüft, die Qualität gesichert und Schutz- und Sicherheitsvorschriften eingehalten werden müssen.

Unterstützende Stabilisatoren: Im Team braucht es Menschen mit dieser Arbeitspräferenz, obwohl sie mehr im Hintergrund bleiben und mehr durch Taten als durch Worte sichtbar werden. Denn sie unterstützen Teammitglieder und das Team, arbeitsfähig zu werden und zu bleiben. Sie sind das Gewissen des Teams, ermutigen andere Teammitglieder und bauen Brücken bei Interessengegensätzen. Sie haben meist eine klare Vorstellung davon, wie das Team zusammenarbeiten und geführt werden soll. Ihre eigenen Werte müssen mit denen des Teams übereinstimmen, wenn sie sich wohlfühlen sollen. Unterstützende Stabilisatoren sind die Energiequelle des Teams.

Präferenz und Kompetenz verbinden — Jeder kann jede Aufgabe im Team übernehmen, wenn er dazu die Kompetenz hat. Wenn Ihre Kompetenz und Ihre Arbeitspräferenz zusammenfallen, dann können Sie im Team einen wirklich guten Job machen, denn dann entfalten Sie Ihre Stärken vollständig. Aber nicht immer können Sie in der Arbeitsfunktion tätig sein, die Ihrer Arbeitspräferenz entspricht. Dann sollten Sie versuchen, den größten Teil Ihrer Aufgaben in Funktionen zu erbringen, die auch Ihren Arbeitspräferenzen entsprechen. Und dies ist nicht nur für Sie ein Vorteil, denn ein Team ist dann optimal besetzt, wenn alle Arbeitsfunktionen mit den Teammitgliedern besetzt sind, die dort auch ihre Arbeitspräferenz haben.

Übung: Analysieren Sie Ihre Arbeitspräferenzen und Teamrollen

Überlegen Sie, welche Ihre Arbeitspräferenzen sind und welche Teamrollen Sie gut ausfüllen können.

Überlegen Sie auch, welche Rollen im Team Ihnen aufgrund Ihrer Arbeitspräferenzen am wenigsten liegen.

Häufig ist es gar nicht so einfach, die eigenen Teamrollen (oder sogar die von Kollegen) zu erkennen. Nicht selten übersieht man Potenziale von Kolleginnen und Kollegen.

Tipp: Nutzen Sie das Team-Management-Profil

Mit dem Team-Management-Profil können Sie eine wissenschaftlich fundierte Auswertung Ihrer persönlichen Teamrollen als Haupt- und Nebenrollen mit einem ausführlichen Feedback erhalten. Diese professionelle Auswertung bildet in vielen Unternehmen die Grundlage zum gegenseitigen Verständnis und zur Steigerung der Teamleistung. Ein Team-Management-Profil können Sie beim TMS-Zentrum erstellen lassen: www.tms-zentrum.de.

Mit jeder Bewerbung und jeder Übernahme einer Arbeitsaufgabe in einem Projekt oder in einer Arbeitsgruppe entscheiden Sie auch darüber, wie gut Sie im Team arbeiten werden. Stimmt die Aufgabe mit Ihren Arbeitspräferenzen überein, dann werden Sie mit großer Wahrscheinlichkeit erfolgreich sein. Andererseits kann eine Negativ-Spirale ausgelöst werden, wenn die Teamaufgabe nicht zu Ihrer bevorzugten Teamrolle passt. Die Diskrepanz zwischen den Anforderungen, die an Sie gestellt werden, und Ihren Stärken ist dann zu groß. Unlust, Müdigkeit, Stress, Vergesslichkeit und Aufschieben von Aufgaben sind Anzeichen dafür, dass Ihnen die Aufgabe nicht liegt.

Teamrolle sollte zu Ihnen passen

Sprechen Sie mit Ihrer Führungskraft, wenn Sie das Gefühl haben, dass Ihre Arbeitspräferenz nicht zur Ihrer Aufgabe im Team passt. Auch Ihre Führungskraft hat ein Interesse daran, Sie mit Ihren Fähigkeiten optimal einzusetzen. Eine Hilfe in der Auseinandersetzung ist, wenn Sie sich anhand eines TMS-Profils über Ihre Arbeitspräferenzen klar geworden sind.

Sprechen Sie Probleme an

Gruppendynamik oder wie aus einer Gruppe ein Team wird

Stellen Sie sich vor, Sie sind mit einem Flugzeug in der Wüste notgelandet. Außer Ihnen gibt es noch neun weitere Passagiere. Was machen Sie jetzt? Sie müssen sich mit den anderen Passagieren einigen, ob Sie bleiben oder nach Hilfe suchen. Welche der im Flugzeug gebliebenen Gegenstände sind wichtig und wofür zu verwenden? Was immer Sie in dieser Situation tun, Sie können es nicht allein tun. Sie müssen sich mit den anderen ebenfalls notgelandeten Passagieren einigen. Dies ist eine Aufgabe für eine gruppendynamische Übung. In ihr lernen die Teilnehmer, wie sich eine Gruppe von Menschen, die sich kaum kennen, in einer Extremsituation zusammenraufen. Sie durchleben in kurzer Zeit einen Prozess, der in einer noch freundlichen und entgegenkommenden Atmosphäre beginnt, dann in heftiges Streiten übergeht und erst danach langsam eine sachliche Auseinandersetzung mit der Situation ermöglicht.

Teament-
wicklung in
vier Phasen
Dieser Teamentwicklungsprozess wurde 1965 von Bruce Tuckman in einem Modell beschrieben. Danach entwickelt sich ein Team in vier Phasen: Forming, Storming, Norming und Performing. Ein Team durchläuft diese Phasen nicht nur zu Beginn, sondern immer wieder, wenn ein neues Teammitglied hinzukommt oder die Rollen im Team verändert werden müssen. Wird das Team aufgelöst, so durchläuft es noch eine fünfte Phase, seine Auflösung: das Adjourning. Das Teamentwicklungsmodell ist in Abbildung 8 dargestellt.

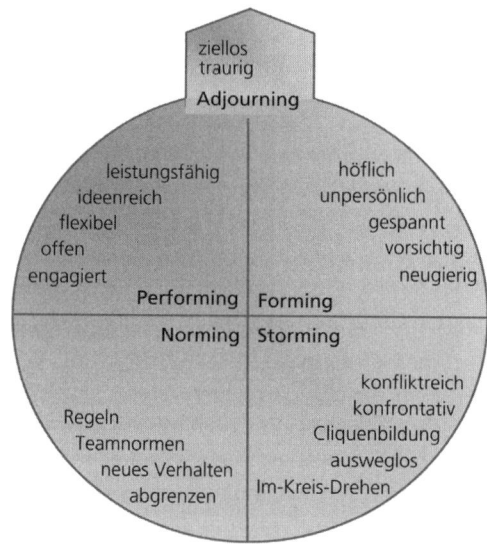

Abbildung 8: Erst durch die Teamentwicklung wird eine Gruppe ein Team.

Merksatz: Teamentwicklung als Lernprozess

Teamentwicklung ist ein Lernprozess im Team, bei dem die Teammitglieder ihre Arbeitsform gestalten. In diesem Entwicklungsprozess machen sich die Teammitglieder miteinander vertraut, erkämpfen sich ihren Platz in der Gruppe und geben sich Regeln. Erst am Ende seiner Entwicklung ist das Team arbeitsfähig.

Ein Team kann sich weder selbst gründen noch auflösen. Erst dann, wenn die Mitglieder benannt sind, ein Ziel und einen Rahmen für ihre Arbeit haben, beginnt ihr Entwicklungsprozess. Im Arbeitsalltag beginnt die Teamentwicklung mit dem Start eines Projekts, dem ersten Meeting einer neu gegründeten Abteilung oder dem ersten Treffen einer Arbeitsgruppe.

Forming: Suche nach Akzeptanz und Orientierung

In keiner Phase der Teamentwicklung zeigt sich so sehr die Persönlichkeit eines jeden Teammitglieds wie in der Startphase. Während die einen mit leichtem Bauchgrummeln und eingezogenen Schultern den Raum betreten, kommen andere mit kräftigem Schritt und hoch erhobenem Kopf durch die Tür.

In der ersten Phase seiner Entwicklung ist das Team eine Ansammlung von Individuen, die noch nicht zusammengefunden haben und von denen der Einzelne noch nicht weiß, wie er die anderen einzuschätzen hat. Die Teammitglieder suchen in dieser Phase Antworten auf die Fragen: Wo stehe ich? Wie sind die anderen? Was sollen wir zusammen erreichen? Was wird von mir und vom Team erwartet?

Das Forming ist die Orientierungsphase in der Teamentwicklung. Die Teammitglieder machen sich mit den Zielen und Aufgaben vertraut und untereinander bekannt. Diese Phase gibt den Teammitgliedern eine Antwort auf die Frage: „Wo bin ich hier?" *Aufgaben und Ziele kennenlernen*

Da die Situation für jeden neu ist, sind die Teammitglieder höflich zueinander. Es ist ein erstes gegenseitiges Abtasten. Gleichzeitig sind die Teammitglieder aber auch distanziert. Es fehlt noch das Vertrauen, sich zu öffnen. Jeder will sich mit seinen guten Eigenschaften in das Team einbringen und die weniger guten verbergen. *Höfliches und distanziertes Verhalten*

Sachlich geht es in der Orientierungsphase darum, die Aufgaben und das Ziel kennenzulernen. Die Teammitglieder machen sich mit dem Rahmen vertraut, in dem sie zusammenarbeiten, und erfahren, welche Kompetenz jeder Einzelne in das Team einbringt.

Das macht Teams die Anfangsphase leichter:

- Kennenlernrunde: Durch sie erfahren die Teammitglieder, aus welchem Unternehmensumfeld die anderen kommen. Nicht zuletzt ist die Kennenlernrunde die Bühne, auf der sich jeder Einzelne zum ersten Mal den anderen Teammitgliedern präsentiert. *Background der anderen erfahren*

- Selbstkundgabe der Teammitglieder: Je mehr die Teammitglieder von sich in der Anfangsphase erzählen, umso schneller wissen die anderen, mit wem sie es zu tun haben.

- Fragen und Nachfragen: Durch Fragen zeigen die Teammitglieder, dass sie neugierig aufeinander sind. Durch Nachfragen regen sie sich an, mehr von sich und ihren Anliegen zu erzählen.

Die Orientierungsphase endet dann, wenn jeder für sich seine Rolle im Team definiert hat.

Storming: Der Kampf um den Platz in der Gruppe

„Jetzt können wir starten." Das denken viele Teammitglieder nach der Orientierungsphase. Doch dies ist eine Täuschung. Denn alle haben bisher mehr oder weniger ihre egoistischen Interessen zurückgestellt und waren eher vorsichtig, ihre Interessen zu vertreten. Doch wenn es darum geht, Nägel mit Köpfen zu machen, dann wird jedem klar: „Wenn ich jetzt meine Interessen nicht vertrete, dann werde ich untergebuttert." Damit beginnt die Phase, in der jeder versucht, sich und seine Anliegen im Team durchzusetzen. Im Vordergrund stehen für die Teammitglieder die folgenden Fragen: Wer hat hier die Macht? Wer hat welchen Einfluss? Wer hat was zu sagen? Wer kontrolliert?

Klärungs- und Konfrontations- phase Das Storming ist eine Klärungs- und Konfrontationsphase: Die Teammitglieder stellen fest, welches Territorium sie jeweils beanspruchen, wo sie in Konkurrenz zu anderen stehen und welche Rolle die Gruppe den einzelnen Mitgliedern zugesteht. Dies finden die Teammitglieder nur dadurch heraus, dass sie ihre Höflichkeit ablegen und ausprobieren, wie weit sie in der Gruppe gehen können.

Integrations- grad klären Jedes Teammitglied muss für sich in dieser Phase die Frage beantworten: Wie stark will und kann ich mich in die Gruppe integrieren und mich deren Normen unterordnen, ohne zu viel von meiner Individualität aufzugeben? Jeder Einzelne muss für sich die Balance zwischen Integration – „ich bin Teil des Teams" – und Desintegration – „ich bin auch Individuum" – finden.

> **Tipp: Sprechen Sie über Arbeitspräferenzen**
>
> Eine Hilfe in dieser Auseinandersetzung ist, wenn sich die Teammitglieder über ihre Arbeitspräferenzen verständigen. Wenn transparent ist, wer was am besten kann und am liebsten tut, kann man sehr leicht feststellen, wo sich Teammitglieder ergänzen oder eher in Konkurrenz zueinander stehen.

Diese Phase ist durch Auseinandersetzungen geprägt. Wenn die Teammitglieder jedoch in der Lage sind, ohne sich persönlich zu verletzen ihre Grenzen aufzuzeigen, und die Fähigkeit haben, Lösungen für Interessengegensätze zu finden, dann wird diese Phase gut bewältigt. Das macht Teams die Konfrontationsphase leichter:

- Team-Kick-off oder Teamentwicklungsworkshop: Begleitet durch einen Teamberater werden der Gruppe Angebote gemacht, die Interessengegensätze offen, aber konstruktiv auszutragen.

Konflikte austragen

- Hart sein, aber fair bleiben: Solange die Teammitglieder fair miteinander umgehen, können die Interessengegensätze konfrontativ ausgetragen werden. Dies hat noch einen weiteren Vorteil: Teams entwickeln so früh eine Konfliktkultur, die ihnen auch in späteren Phasen hilft, Konflikte zu lösen.

Konfliktkultur entwickeln

- Überzeugend sein und sich überzeugen lassen: In dieser Phase kann kaum ein Teammitglied darauf vertrauen, dass es von anderen unterstützt wird. Nur wer andere von seinen Ideen überzeugen kann, wird die Zustimmung von den anderen Teammitgliedern erhalten.

Norming: Die Gruppe entspannt sich und beginnt zu kooperieren

Im Storming wird so viel gestritten, dass die Teammitglieder das Gefühl haben, dass diese Phase nie aufhört. Doch wie nach einem langen Regen plötzlich die Sonne scheint, so sind ab einem bestimmen Punkt anscheinend alle Konflikte vergessen. Dann wechselt die Stimmung im Team zum Positiven. Das Team erlebt sich zunehmend als Einheit und das Verständnis füreinander wächst. Die Mitglieder des Teams wollen jetzt miteinander arbeiten.

Im Norming werden Rollen, Positionen, Funktionen und Verfahren festgelegt, mit denen die Gruppe arbeiten will. In dieser Phase geben sich die Gruppenmitglieder mehr oder weniger formale Regeln.

Festlegen der Regeln

Die Konflikte und Auseinandersetzungen der Stormingphase führen zu Kompromissen, aus denen sich mehr oder weniger stabile neue Normen und Werte ergeben. Jetzt können Regeln für die Zusammenarbeit verbindlich festgelegt werden. So entsteht eine Gruppennorm, die von dieser Phase an stabil ist. Die Teammitglieder sind entspannt und motiviert. Sie haben eine große Auseinandersetzung bewältigt und freuen sich jetzt auf das gemeinsame Arbeiten.

Am Ende der Normingphase hat das Team feste Regeln für seine Zusammenarbeit. Bei Regelverletzungen besteht das Team darauf, dass die

Regeln eingehalten werden. Auf diese Weise werden Konflikte und Auseinandersetzungen über Verhaltensweisen im Team mithilfe der Regeln gelöst.

Identitäts-entwicklung des Teams | Das Team hat jetzt eine eigene Identität entwickelt und man kann es durch seine Regeln, Werte und Normen von anderen Teams unterscheiden. Damit grenzt es sich dann auch von der Organisation und der Außenwelt ab. Das Verhalten der Teammitglieder gleicht sich immer mehr an.

Übung: Notieren Sie sich Regeln

Wählen Sie ein Team, in dem Sie arbeiten oder gearbeitet haben. Für dieses Team schreiben Sie dann die offiziellen und die inoffiziellen Regeln auf.

Beantworten Sie dann die beiden folgenden Fragen:

- Gibt es Bereiche, für die es keine Spielregeln gibt?
- Welche Spielregeln wären hier hilfreich?

Das hilft dem Team in der Normingphase:

- **Teamregeln:** Teamregeln legen fest, was für die Zusammenarbeit besonders wichtig ist. Von der Vielzahl der Regeln sollten diejenigen schriftlich dokumentiert werden, die für die Zusammenarbeit die größte Bedeutung haben. Dies sind meist sieben bis neun Regeln oder Normen, die nicht verletzt werden dürfen. Formale Teamregeln sollten für jeden sichtbar im Raum aufgehängt sein.

- **Rollen und Funktionen besprechen:** In dieser Phase werden auch die Rollen und Funktionen im Team verteilt. Je transparenter diese besprochen werden, umso klarer ist jedem, wer wofür im Team verantwortlich ist.

- **Teamkultur pflegen:** Die offiziellen Regeln sind die eine Seite. Genauso wichtig sind aber auch die inoffiziellen Regeln und die Teamkultur. Sie geben den Teammitgliedern Verhaltenssicherheit und Identität.

Performing: Das Team arbeitet selbstorganisiert

Ein Plakat mit Teamregeln im Teamraum und auf den Schreibtischen der Teammitglieder zeigt: Wir sind ein Team! Aus den zusammengewürfelten Mitarbeitern ist eine eingeschworene Gemeinschaft geworden. Alle haben sich an die Macken der anderen gewöhnt und schätzen deren Stärken.

Performing ist die Phase, in der die Teammitglieder effizient zusammenarbeiten. Die Entwicklung ist abgeschlossen und die Teammitglieder konzentrieren ihre Aufmerksamkeit und Energie darauf, das Ziel zu erreichen.

Auf das Ziel hinarbeiten

In den drei vorhergehenden Phasen hat sich das Team einen großen Teil seiner Zeit mit sich selbst beschäftigt. Erst in der Arbeitsphase arbeitet das Team effizient. Dies heißt nicht, dass es vorher nichts getan hätte, aber es wurde mehr diskutiert und manchmal vielleicht auch um des Kaisers Bart gestritten.

Nach einem erfolgreich abgeschlossenen Teamentwicklungsprozess lösen Teams viele Konflikte durch ihre Regeln. Entwickelte Teams reagieren flexibel auf Veränderungen und können sich so schnell auf neue Gegebenheiten einstellen. Gegenseitige Offenheit und Solidarität erleichtern die Zusammenarbeit im Team. Jeder fühlt sich im Team sicher und hat dort seine Heimat in der Arbeitswelt gefunden.

Team gibt Sicherheit

Das hilft dem Team, eine hohe Leistung zu erbringen:

- **Feedback:** Ständiges und regelmäßiges Feedback über die Zusammenarbeit im Team ermöglicht es, schnell zu erkennen, wenn einmal etwas nicht rund läuft.

- **Teammeetings:** Das Team muss sich immer wieder als Team erleben. Teammeetings sind der Ort, an dem sich alle Teammitglieder treffen. Dabei sollten drei Fragen immer im Mittelpunkt stehen: Was haben wir erreicht? Wo ist Sand im Getriebe? Und: Was müssen wir an unseren Regeln und unserer Teamkultur verändern?

- **Mini-Events:** Jedes Teammitglied und das Team als Ganzes brauchen immer wieder eine Bestätigung für die geleistete Arbeit. Erreichte Meilensteine, besonders erfolgreiche Präsentationen, aber auch persönliche Anlässe wie Geburtstage sind Gelegenheiten, bei denen das Team zusammenkommt und seine kleinen Erfolge feiert. Dies ermöglicht informelle Kontakte und stärkt so die Beziehungen der Teammitglieder untereinander.

Adjourning: Das Team wird aufgelöst

Ich habe viele Teams kennengelernt, die – selbst nachdem der Projektauftrag beendet war – immer noch zusammen waren. Sie haben ihre Zeit damit verbracht, einen Folgeauftrag zu finden, um weitermachen zu können. In der Auflösungsphase klammern sich die Teammitglieder aneinander. Sie suchen nach Aufgaben, um das Team zu erhalten und koppeln sich dabei stärker von der Außenwelt ab.

Das Ende gestalten So wie der Start eines Teamentwicklungsprozesses bewusst organisiert wird, muss auch dessen Ende bewusst gestaltet werden. Ein Team und dessen soziale Beziehungen haben nur so lange eine Bedeutung, wie das Team eine Aufgabe hat. Mit dem Ende der Teamaufgabe löst sich ein Team nicht auf, sondern muss aufgelöst werden.

Adjourning ist die Auflösungsphase des Teams. In ihr wird die Teamaufgabe abgeschlossen und die sozialen Beziehungen im Team werden gelöst. Die Teamauflösung macht den Kopf der Teammitglieder frei für neue Aufgaben.

Aufgabe und Beziehungen abschließen In der Schlussphase wird die Teamaufgabe sachlich abgeschlossen. Auf der emotionalen Seite müssen die entstandenen Beziehungen aufgelöst werden, denn sie haben für dieses Team keine Bedeutung mehr. Die Auflösung eines Teams ist auch ein Abschied: ein Abschied von einer interessanten Aufgabe, von vertrauten Räumen und vor allem von den Teamkollegen.

Das hilft bei einer Teamauflösung:

- **Teamauflösungsworkshop:** Ziel eines solchen Workshops ist es, die Aufgabe abzuschließen, einen Rückblick zu halten und die Beziehungen im Team zu lösen.

- **Team von Sachaufgaben entlasten:** Sachaufgaben müssen so beendet werden, dass das Team oder das verantwortliche Teammitglied davon entlastet wird und auch bei Restaufgaben keine Aktien mehr im Spiel hat.

- **Integration in die Außenwelt:** Teammitglieder können sich nur dann vom Team wirklich verabschieden, wenn sie eine neue Aufgabe gefunden haben. Statt in ein Loch zu fallen, sollten sie mit Volldampf wieder mit einer neuen Aufgabe starten können.

- **Debriefing:** Die Schlussphase ist für die Teammitglieder eine wichtige Lernphase. Der Rückblick und die gemeinsame Bewertung der Erfahrungen machen unbewusst sichtbar, was jeder Einzelne gelernt hat und in das neue Team mitnehmen kann. Im sogenannten Debriefing werden diese Erfahrungen sichtbar gemacht, dokumentiert und für die nächste Teamaufgabe zur Verfügung gestellt.

Erfolgreiche Teams sind veränderungsbereit

Eine Teamentwicklung verläuft nicht immer linear. Es gibt Sprünge und Rückschläge. In der Arbeitsphase kommt es immer dann zu Auseinandersetzungen um Rollen und Normen, wenn sich die Rahmenbedingungen im Projekt ändern oder neue Teammitglieder dazukommen.

Ein neues Teammitglied verändert die Teamkonstellation. Rollen müssen neu definiert und Beziehungen neu geknüpft werden. Dabei kommt es immer wieder zu Konkurrenz zwischen den Teammitgliedern. Ein neues Teammitglied schlüpft nicht einfach in eine Lücke, sondern muss sich den Platz im Team erkämpfen, der am besten zu seinen Kompetenzen und Arbeitspräferenzen passt. *Ein Mitglied kommt dazu*

Wenn sich Rahmenbedingungen oder das Ziel des Teams ändern, werden die Karten ebenfalls neu gemischt. Ein Team übernimmt nicht einfach eine neue Aufgabe, sondern idealerweise passt es sich durch veränderte Rollen und Regeln den neuen Gegebenheiten an. Ein Team muss diese Chance wahrnehmen, damit es auch mit einem neuen Ziel und neuen Aufgaben zu Höchstleistungen fähig ist. *Bedingungen und Ziele ändern sich*

Das macht ein Team anpassungsfähig:

- **Auseinandersetzung mit der Veränderung:** Egal ob neues Teammitglied oder veränderte Rahmenbedingungen: Wenn das Team sich bewusst damit auseinandersetzt, wird eine Lösung für alle gefunden.

- **Bereitschaft zu Teamentwicklung:** Eine Veränderung unterbricht eine gut laufende Teamarbeit. Nur dann, wenn sich das Team durch einen bewussten Teamentwicklungsprozess an die neuen Gegebenheiten anpasst, wird es seine Hochform behalten.

- **Neugierde und Interesse:** Wenn alle neugierig und interessiert sind, steigt die Bereitschaft, sich auf neue Menschen und neue Gegebenheiten einzulassen.

Gruppen brauchen für ihre Entwicklung ihre eigene Zeit. Seien Sie nicht ungeduldig, wenn es nicht gleich von Anfang an mit Volldampf losgeht. „Wenn du es eilig hast, gehe langsam." Diese Weisheit gilt auch für die Teamentwicklung. Teams, die sich nicht die Zeit lassen, Ihre Teamentwicklung zu durchleben, verlagern das Forming, Storming und Norming in die Produktionsphase. Die Folge davon ist: Die Produktivität und Leistungsbereitschaft der Mitarbeiter sinkt. Die Auseinandersetzungsprozesse in der Gruppe werden schwieriger und dauern dadurch länger. Dagegen erhöht ein bewusst gesteuerter Teamentwicklungsprozess die Produktivität des Teams. *Teamentwicklung braucht Zeit*

Teamleiter bündeln die Kräfte im Team

Teamleiter
braucht
Linking Skills

Sie brauchen keine Führungskraft zu sein, um ein Team zu leiten. Als Leiter eines Projekts, einer Arbeitsgruppe oder als Verantwortlicher für ein Arbeitspaket im Projekt sind Sie nicht nur verantwortlich dafür, dass die Sachaufgabe erledigt wird, sondern auch für die Menschen, die dabei zusammenarbeiten. Im Gegensatz zur formalen Macht, die eine Führungskraft hat, sind Sie hier auf Ihre Fähigkeit angewiesen, Teammitglieder zu motivieren. Sie führen das Team dadurch, dass Sie dessen Kräfte bündeln. Die Fähigkeiten, die Sie dazu brauchen, werden von Margerison/McCann, den Autoren des Team-Management-Systems, als „Linking Skills" bezeichnet.

Merksatz: Linking Skills

Unter dem Begriff „Linking Skills" werden die Führungsfunktionen im Team zusammengefasst. Es ist ein Bündel an sozialen, persönlichen und methodischen Fähigkeiten, um die Menschen im Team zu verbinden, zu führen und zu motivieren. Werden sie nicht wahrgenommen, driftet das Team auseinander.

Linking Skills hat jedes Teammitglied oder kann sie entwickeln. Die Teammitglieder setzen diese Fähigkeiten auch mehr oder weniger ein und helfen der Gruppe so, sich selbst zu steuern. Im Leiter jedoch bündeln sich die Linking Skills: Er muss in der Lage sein, die Funktionen zu übernehmen, die von den Teammitgliedern nicht wahrgenommen werden.

Vernetzen Sie die Aufgaben im Team

Checkliste: So helfen Sie dem Team, seine Aufgaben flexibel zu organisieren	
Verteilen Sie die Aufgaben im Team so, dass jedes Teammitglied seine Kompetenzen einsetzen kann und die Aufgabe nach Möglichkeit auch seiner Arbeitspräferenz entspricht.	
Achten Sie darauf, dass alle acht Arbeitsfunktionen im Team besetzt sind.	
Leiten Sie die Teammitglieder an oder suchen Sie im Team nach Möglichkeiten, wie sich die Mitglieder gegenseitig unterstützen können.	
Bündeln Sie die Aktivitäten im Team auf das Ziel und wehren Sie sich, wenn Ziele von außen geändert werden.	
Achten Sie darauf, dass vereinbarte Standards, Verfahren und Regeln eingehalten werden.	

Ein Team arbeitet deshalb gut, weil jeder einen Teil des gesamten Aufgabenpakets übernimmt. Es arbeitet flexibel, weil Teammitglieder sich nicht an einer starren Aufgabenverteilung orientieren, sondern das tun, was in einer bestimmten Situation notwendig ist.

Verbinden Sie die Menschen im Team

Nicht nur die Kompetenz der Teammitglieder ist für eine gute Teamleistung entscheidend, sondern auch die vertrauensvolle Zusammenarbeit der Menschen im Team. Erst wenn Beziehungsebene gestalten alle Teammitglieder auf der Beziehungsebene verbunden sind, entsteht Teamgeist. Und das sind die Fähigkeiten – ebenfalls ein Bereich der bereits angesprochenen Linking Skills –, mit denen Sie die Beziehungsebene in Ihrem Team gestalten:

Aktives Zuhören: Wie wichtig Zuhören in der zwischenmenschlichen Kommunikation ist, habe ich schon im Kapitel über Gesprächsführung gezeigt. Im Team müssen Sie nicht nur auf den Sachaspekt hören, sondern auch auf Selbstoffenbarungen, Appelle und vor allem auf den Beziehungsaspekt.

Kommunikation: Durch sie entstehen die Beziehungen der Teammitglieder untereinander. Sie verändert die Menschen und deren Verhalten und so entsteht das Team als ein einheitliches Gebilde. Der Teamleiter regt durch sein eigenes Kommunikationsverhalten die Kommunikation der anderen an.

Zwischenmenschliche Beziehungen: Gute zwischenmenschliche Beziehungen sind durch Respekt, Vertrauen und gegenseitiges Verständnis gekennzeichnet. Wenn Sie als Leiter diese Werte vorleben und aktiv dafür sorgen, dass sie im Team gelebt werden, bauen Sie gleichzeitig ein Beziehungsnetzwerk in Ihrem Team auf.

Problemlösung und Beratung: In einem guten Team hilft einer dem anderen durch Rat und Tat. Dazu muss jeder für Probleme und Fragen anderer Teammitglieder ansprechbar sein. Ermutigen Sie Ihre Teammitglieder, sich Rat zu holen und Rat zu geben.

Gemeinsame Entscheidungsfindung: Teamentscheidungen haben zwei Vorteile: Erstens sind sie in ihrer Qualität besser und zweitens werden sie auch umgesetzt, weil sie von allen getragen werden. Teamleiter, die auf gemeinsame Entscheidungen durch alle Teammitglieder setzen, sind langfristig erfolgreicher.

Schnittstellenmanagement: Nicht nur die Verbindung der Teammitglieder untereinander ist wichtig, sondern auch die Verbindung des Teams zur Organisation. Für die Organisation ist der Leiter der erste Ansprechpartner. Machen Sie als Teamleiter diese Schnittstellen für das Team transparent. Dann werden sich alle Teammitglieder gut informiert fühlen und alle für ihre Arbeit wichtigen Informationen haben.

Führen Sie das Team zum Ziel

Inneres Bild des Ergebnisses vermitteln   Der Teamleiter führt das Team. Das heißt, er muss das Ziel und den Weg dorthin kennen. Der Leiter eines Teams kann andere nur motivieren, wenn er selbst ein inneres Bild vom Ergebnis der Teamaufgabe hat. Und er muss die Fähigkeit besitzen, dieses Bild auch bei den Teammitgliedern zu erzeugen.

Teamprozesse erkennen und reflektieren   Sie können erst dann Entwicklungsprozesse im Team initiieren, wenn Sie wissen, wo die Gruppe steht. Teamprozesse zu erkennen und zu reflektieren ist die Voraussetzung für eine erfolgreiche Teamsteuerung. Es ist die Fähigkeit, sich wie der Feldherr auf einen Hügel zu begeben und die Teamaufgabe und die Beziehungen des Teams zur Außenwelt mit einem distanzierteren Blick zu sehen.

Dafür hat man den Begriff „Reflexion" geprägt. Es ist die Fähigkeit, Gruppenprozesse wahrzunehmen, die zugrunde liegenden Muster zu erkennen und die Situation zu bewerten.

Checkliste: So gehen Sie bei der Reflexion von Gruppenprozessen vor	
Beobachten Sie Ihr Team: Stellen Sie fest, in welcher Situation es sich gerade befindet.	
Teilen Sie dem Team mit, was Sie beobachtet haben: Dafür werden Sie nicht immer Applaus ernten. Gerade aber, wenn sich Konflikte aufbauen, sind Gespräche, in denen Sie dies ansprechen, unerlässlich, auch wenn sie unbequem sind.	
Regen Sie Ihr Team an, Ihre Beobachtungen zu interpretieren: Fragen Sie das Team: Was bedeutet dies für die Zusammenarbeit in unserer Gruppe? Jedes Teammitglied ist dadurch aufgefordert, sich selbst eine Meinung zu bilden.	

So kann jeder für sich, aber auch die ganze Gruppe Konsequenzen ziehen. Dadurch ändert sich das Verhalten der Gruppenmitglieder und der gesamten Gruppe.

Teamleiter steuern den Entwicklungsprozess

Eine bewusste Teamentwicklung spart Geld. Nach Schätzung von Experten gehen in den ersten Phasen 70 % der Arbeitszeit durch Doppelarbeit, Fehler und Konflikte verloren. Durch einen gut strukturierten und begleiteten Teamentwicklungsprozess helfen Sie dem Team, sich schneller zusammenzuraufen.

Geben Sie dem Team Orientierung und Sicherheit

In der ersten Phase, dem Forming, geben Sie dem Team Orientierung und Sicherheit. Bei neu zusammengesetzten Teams organisieren Sie dazu am besten ein Kick-off. Ziel des Workshops ist es, die Teammitglieder mit ihren Aufgaben vertraut zu machen und Regeln für die Zusammenarbeit zu vereinbaren.

Auf der CD finden Sie eine Zusammenstellung der Fragen, die in einem Kick-off-Meeting geklärt werden müssen.

> **Tipp: Organigramm für virtuelles Team**
> Wenn das Team nicht an einem Ort arbeitet, sondern die Teammitglieder als sog. virtuelles Team ihre Büros an verschiedenen Orten haben, fertigen Sie ein übersichtliches Organigramm an, das Sie an alle verteilen. So ist das Team mit all seinen Funktionen für alle Teammitglieder immer präsent.

Sicherheit geben Sie dem Team in der ersten Phase, indem Sie die Arbeit durch genaue Anweisungen steuern. Die folgenden Fragen helfen Ihnen, Ihre Anweisungen möglichst genau zu geben:

- Was ist zu tun?
- Warum ist die Aufgabe zu erledigen?
- Welche Qualität erwarten Sie?
- Bis wann soll die Aufgabe erledigt sein?
- Mit welchem Zeitaufwand rechnen Sie?

Kontrollieren Sie die Arbeitserledigung in kurzen Abständen. Nicht, indem Sie den Mitarbeitern über die Schulter schauen, sondern indem Sie mit den Teammitgliedern sprechen. Fragen Sie nach dem Stand der Dinge, danach, ob es etwa Besonderes gibt, und bieten Sie Ihre Hilfe an.

Endgültige Spielregeln kann sich ein Team erst geben, nachdem es seine Kampfphase hinter sich hat. Hilfreich für den Start ist es, wenn Sie Spielregeln vorgeben. Damit geben Sie dem Teamentwicklungsprozess einen festen Rahmen.

Lassen Sie Konflikte und Auseinandersetzungen zu

Disziplin und Umgangsformen wahren

In der Kampfphase geht es um Macht und Status. Davon sind Sie als Teamleiter nicht ausgenommen. Für Sie geht es in dieser Phase darum, sich in Ihrer Führungsrolle zu etablieren. Dabei darf Ihre Führungsrolle nie zur Disposition stehen. Die Disziplin und die Umgangsformen, die Sie während der Kampfphase einführen, werden auch später das Verhalten der Mitglieder und den Arbeitsstil prägen.

Checkliste: So erreichen Sie, dass die Konflikte in der Kampfphase sachlich bleiben	
Stellen Sie Fragen: Mit offen Fragen räumen Sie Unklarheiten aus dem Weg, mit geschlossene Fragen bringen Sie Sachverhalte auf den Punkt. Beispiel: Teammitglied: „Ich ziehe immer der Kürzeren." Teamleiter: „Was ist genau passiert, dass Sie sich jetzt benachteiligt fühlen, und in welchen anderen Fällen war dies ähnlich?"	
Achten Sie auf die Signale Ihrer Teammitglieder: Greifen Sie die verbalen und nonverbalen Signale auf und sprechen Sie diese offen an. Beispiel: „Herr Schmid, Sie runzeln die Stirn, woran zweifeln Sie gerade?"	
Fassen Sie zusammen: Bei heftigen Diskussionen verlieren die Beteiligten oft den Überblick darüber, worüber sie gerade streiten. Zusammenfassungen bringen dann den Stand der Diskussion auf den Punkt: „Ich unterbreche an dieser Stelle die Diskussion und fasse zusammen, was aus meiner Sicht bisher klar geworden ist ..."	
Unterbinden Sie Angriffe: Je hitziger gestritten wird, umso wahrscheinlicher ist es, dass die Diskussion auch in persönliche Angriffe abgleitet. Wenn es zu Anschuldigungen kommt oder sich die Teammitglieder gegenseitig ins Wort fallen, stoppen Sie diese Konfrontation sofort. Beispiel: „Herr Fischer, in unseren Regeln steht, dass wir uns nicht gegenseitig persönlich angreifen. Bitte bleiben Sie sachlich und greifen Sie niemanden persönlich an."	
Verlangsamen Sie Diskussionen: Mit Abstand erkennen Sie oft leichter, ob Teammitglieder aneinander vorbeireden, Aussagen nur zur Hälfte aufgenommen werden oder jeder sich nur das für ihn Angenehme herauspickt. Verlangsamen Sie die Diskussion, indem Sie die Teammitglieder auffordern, das zu wiederholen, was sie verstanden haben. Dann wird schnell klar, was unter den Tisch gefallen ist oder falsch verstanden wurde.	

In der Kampfphase müssen sich die Mitarbeiter zusammen-raufen. Vermeiden Sie hier keine Auseinandersetzungen und decken Sie auf keinen Fall Konflikte mit dem Mantel der Harmonie zu. Achten Sie aber darauf, dass sie nicht ausufern.

Konflikte nicht ausufern lassen

Gerade in der Kampfphase stellt sich schnell das Gefühl der Ausweglosigkeit ein. Dem können Sie entgegenwirken, indem Sie dem Team Erfolgserlebnisse verschaffen. Veröffentlichen Sie erreichte Ergebnisse in den internen Medien, präsentieren Sie das Projekt, wo immer Sie nur können. Das vermittelt der Gruppe das Gefühl, dass sie sich schon nach kurzer Zeit einen Namen gemacht hat.

Ermöglichen Sie Erfolgs-erlebnisse

Tipp: Entwicklungsprozess beschleunigen

Immer dann, wenn Aufgaben schwierig und komplex sind, braucht die Gruppe einen langen Atem, bevor sich erste Erfolge einstellen. Dies verlangsamt den Entwicklungsprozess der Gruppe. Beschleunigen können Sie ihn dadurch, dass Sie sich mit der Gruppe zurückziehen und sich mit gruppendynamischen Übungen und Spielen auf den Entwicklungsprozess der Gruppe konzentrieren. Die Gruppe erlebt so, wie sie zusammenarbeitet, und hat erste kleine Erfolge.

Vereinbaren Sie Spielregeln

Nach der Kampfphase müssen Regeln endgültig etabliert werden. Vielleicht hatten Sie ja zu Beginn des Teamentwicklungsprozesses schon Regeln vorgegeben. Diese müssen Sie jetzt mit Ihren Teammitgliedern überprüfen.

Checkliste: So kommen Sie mit Ihrem Team zu gemeinsamen Spielregeln	
Schlagen Sie Spielregeln vor: Überlegen Sie, für welche Punkte in der Zusammenarbeit das Team Regeln braucht. Entwickeln Sie dafür die Regeln und schlagen Sie sie dem Team vor.	
Diskutieren Sie die Regeln: Die Diskussion im Team können Sie mit den folgenden Fragen anregen: Was bedeutet die Regel konkret? Was würde passieren, wenn wir diese Regel nicht hätten? Was sollte noch geregelt werden?	
Erstellen Sie mit dem Team eine „Teamverfassung": Dies ist ein Dokument mit den Teamregeln. Es sollte auf dem Schreibtisch jedes Teammitglieds zu finden sein oder als Plakat in einem für alle zugänglichen Raum hängen.	

Tipp: Auf bewährte Regeln zurückgreifen

Ein Team kommt schneller zu seinen Regeln, wenn sie nicht jedes Mal neu erfunden werden müssen.

Auf der CD finden Sie eine Sammlung von Regeln. Daraus kann das Team die sieben bis neun auswählen, die es für seine Steuerung braucht.

Unterstützen Sie die Selbststeuerung des Teams

Ab der dritten Phase der Teamentwicklung sind die Mitglieder mehr und mehr in der Lage, sich selbst zu steuern. Nutzen Sie diese Fähigkeit des Teams. Dies entlastet Sie und die Mitglieder übernehmen damit auch Verantwortung für die Aufgaben im Team.

Checkliste: So erreichen Sie, dass sich die Gruppe selbst steuert	
Geben Sie Routineaufgaben der Teamführung ab: Dies gibt den Mitgliedern die Chance, erste Erfahrungen mit der Führung eines Teams zu machen.	
Binden Sie den informellen Führer ein: In den meisten Gruppen bildet sich ein sog. Vertrauensführer heraus. Das ist das Teammitglied, das die anderen als informellen Führer anerkennen. Seine Meinung zählt im Team. Dadurch kann er bei Interessengegensätzen gut vermitteln und Ihnen helfen, Themen im Team durchzusetzen.	
Führen Sie Teambesprechungen durch: Dies fördert den Zusammenhalt, sorgt für Informationsaustausch und ist die Plattform, um Arbeiten abzusprechen.	
Bilden Sie in großen Teams Kleingruppen: Mit Kleingruppen von zwei bis drei Teammitgliedern strukturieren Sie die Arbeiten, denn sie können ihre Arbeit gut selbst koordinieren. Und das hat noch einen zusätzlichen Vorteil: Die Schnittstellen zwischen den einzelnen Kleingruppen sind weniger als zwischen allen Gruppenmitgliedern – dadurch läuft die Kommunikation effizienter. Außerdem motivieren Kleingruppen sich selbst.	

Je mehr sich die Gruppe selbst steuert, umso mehr Zeit gewinnen Sie, um Tätigkeiten zu koordinieren, Teammitglieder zu beraten und die Gruppe nach außen zu vertreten.

Gestalten Sie die Teamauflösung

Teammitglieder können sich nur vom Team lösen, wenn sie die Möglichkeit bekommen, die gemeinsame Arbeit auch emotional abzuschließen. Diese Tatsache wird oft unterschätzt. Planen Sie deshalb die Teamauflösung bereits zu Beginn der Teamentwicklung ein.

Checkliste: So können die Mitglieder das Team emotional gut verlassen	
Planen Sie die Auflösung des Teams als Entwicklungsschritt ein.	
Machen Sie den Teammitgliedern von Anfang an klar, dass mit dem Abschluss der Projektaufgabe auch das Team aufgelöst wird.	
Gestalten Sie die Teamauflösung am besten in einem Workshop. Alternativen dazu sind: eine Abschlussveranstaltung oder ein letztes Teammeeting.	

Übung: After Action Review

Führen Sie ein „After Action Review" Ihres letzten Projekts oder Ihrer letzten Arbeitsgruppe durch.

Wie beurteilen Sie die einzelnen Phasen der Teamentwicklung?

- Was haben Sie gut gemacht?
- Was ist zufällig gut gelaufen?
- Was ist schiefgegangen?

Mit den Antworten auf die erste Frage kommen Sie auf Ihre Stärken, mit den Antworten auf die zweite Frage auf Punkte, auf die Sie beim nächsten Mal achten sollten, und die Antworten auf die dritte Frage zeigen Ihnen Ihre Schwächen. Hier sollten Sie überlegen, was Sie besser machen können.

Eine detaillierte Anleitung für die Durchführung eines After Action Reviews finden Sie auf der CD.

Wenn das Team am Ende des Projekts stolz auf seine Leistungen ist, dann ist dies auch ein Teil Ihrer Leistung. Bei der Teamführung ist Ihre Fähigkeit gefordert, Teamprozesse wahrzunehmen, zu analysieren und zu gestalten. Eine Fähigkeit, die Sie mit jedem Projekt und jedem Projektteam immer besser entwickeln werden.

Zusammenfassung

Ihre Kompetenz als Teamleiter:

- Achten Sie darauf, dass das Team in seiner Gesamtheit alle Fähigkeiten besitzt, die es braucht, um die Aufgabe zu bewältigen. Erst wenn alle Arbeitsfunktionen im Team besetzt sind, kann das Team effektiv arbeiten.

- Achten Sie darauf, dass möglichst viele Teamfunktionen mit den Arbeitspräferenzen der Teammitglieder zusammenfallen. Verbinden Sie also Aufgaben und Menschen – denn wer das tut, was er gerne macht, ist motiviert und engagiert. So führen Sie das Team zum Ziel und bündeln die Kräfte im Team.

- Geben Sie den Teammitgliedern die Möglichkeit, sich kennenzulernen. Je mehr die Teammitglieder voneinander wissen, umso besser können sie sich gegenseitig einschätzen.

- Nutzen Sie Widersprüche und Auseinandersetzungen dazu, dass jeder seine Rolle im Team finden kann. Versuchen Sie nicht, Konflikte zu unterdrücken, sondern fördern Sie deren konstruktive Bewältigung.

- Legen Sie zusammen mit dem Team die wichtigsten Regeln und Normen fest. Fördern Sie eine Teamkultur, die diese Regeln unterstützt. Dies gibt den Teammitgliedern Sicherheit für ihr Verhalten und stärkt gleichzeitig das Wir-Gefühl.

- Vertreten Sie das Team nach außen. Wenn Sie Ihr Team gut verkaufen, wirkt dies auch wieder auf das Team zurück. Das Team und die Teammitglieder bekommen Anerkennung und werden dadurch motiviert, sich für das Team und dessen Aufgaben einzusetzen.

- Gestalten Sie nicht nur den Teamstart, sondern auch die Auflösung des Teams. Damit helfen Sie den Teammitgliedern, ihre emotionalen Bindungen zu lösen und die Fähigkeit zu entwickeln, neue Bindungen einzugehen.

Moderieren: Ergebnisse gemeinsam erarbeiten

Wessen wir im Leben am meisten bedürfen, ist jemand,
der uns dazu bringt, das zu tun, wozu wir fähig sind.
(Ralph E. Emmerson, Bischof von Knaresborough, England)

„Heute Morgen dachte ich, dass wir nie eine Lösung für das Problem finden. Aber jetzt, nach diesem Tag, sehe ich einen Weg und habe das Gefühl, dass alle an einem Strang ziehen." So oder ähnlich klingen Feedbacks zu erfolgreich verlaufenen Workshops. In moderierten Workshops erarbeiten Sie Lösungen, analysieren Probleme und bereiten Entscheidungen vor – denn viele Probleme lösen Sie nicht allein, sondern mit anderen zusammen; Mit Ihren Kollegen, Kunden und Vertretern des

Managements. Workshops sind die beste Arbeitsform, in der Sie dies tun können.

In moderierten Workshops werden Probleme und Fragestellungen analysiert und Lösungen erarbeitet. Die Teilnehmer des Workshops tragen dazu ihre unterschiedlichen Sichtweisen zusammen und werden motiviert, diese dann auch nach dem Workshop umzusetzen. Eine Moderation ist aufwendig. Jedoch ist sie oft die einzige Möglichkeit, ein Problem zu lösen, und in vielen anderen Fällen ist sie die beste Alternative.

Moderation ist aufwendig, aber effektiv

In diesem Kapitel erhalten Sie Antworten auf die folgenden Fragen:

- Was ist eine Moderation und welche Rolle hat der Moderator?
- Wie bereite ich einen moderierten Workshop vor?
- Welche Arbeitstechniken werden eingesetzt?

Die Moderationsmethode

Wie beziehen wir die Betroffen besser in Lösungs- und Planungsprozesse ein? Diese Frage stellte sich Ende der Sechzigerjahre eine Beratergruppe um Einhard Schrader. Ihre Lösung war eine Methode, mit der sie Problemlösungsprozesse in Gruppen gestalten konnten – die Moderationsmethode. Sie hat sich inzwischen in unzähligen Workshops bewährt.

Merksatz: Moderation

Durch die Moderation gestalten Sie den sachlichen Problemlösungsprozess und den Gruppenprozess unter den Workshopteilnehmern. Auf der Sachebene geben Sie einen Weg vor, auf dem Schritt für Schritt die Lösung erarbeitet wird. Auf der emotionalen Ebene ermöglichen Sie es den Teilnehmern immer wieder, den Gruppenprozess zu reflektieren, Interessengegensätze auszuhandeln und sich in schwierigen Situationen immer wieder zu motivieren.

Eine Moderation eignet sich für die folgenden Fälle:

- Probleme, deren Lösung nur durch die Zusammenarbeit von Experten unterschiedlicher Fachrichtungen gefunden werden kann. Beispiel: Problem bei einem Arbeitsprozess.
- Die Beteiligten müssen aktiv einbezogen werden, weil sie nur so die Lösung mittragen. Beispiel: Einsatz einer neuen Software.
- Die langfristige Ausrichtung eines Bereichs oder Themas muss festgelegt werden und dazu ist die Kreativität aller Beteiligten notwendig. Beispiel: Entwicklung einer Strategie.

- Interessengegensätze zwischen verschiedenen Gruppen müssen aus-
gehandelt werden. Beispiel: Aufgabenverteilung in einem Bereich.

- Es geht nicht nur um die Lösung von Sachfragen, sondern gleichzeitig
auch um die Kommunikation und Gruppenidentität der Beteiligten.
Beispiel: Teamentwicklung.

Seien Sie „allparteilich"

Der Moderator ermöglicht Lösungen Im Englischen wird für das Wort „Moderator" auch der Begriff „facilitator" verwendet, was so viel wie „Ermöglicher" bedeutet. Das Wort „Ermöglicher" beschreibt sehr genau das, was ein Moderator in einem Workshop tut: Er ermöglicht der Gruppe, ihre Probleme und Fragestellungen zu lösen. Die Gruppe bestimmt den Kurs – als Moderator helfen Sie der Gruppe, diesen zu halten.

Aktivieren Sie die Kreativität der Gruppe Ihr Erfolg als Moderator hängt entscheidend davon ab, ob es Ihnen gelingt, die Problemlösefähigkeit und Kreativität der Gruppe zu aktivieren. Sie stehen bei einer Moderation im Mittelpunkt. Aber nicht, weil Sie der beste Experte für das Problem sind, sondern der Experte, der für die Gruppe einen Weg zur Lösung des Problems aufzeigt und sie Schritt für Schritt dorthin führt.

In Ihrer Rolle als Moderator müssen Sie davon überzeugt sein, dass nur die Teilnehmer, die gerade anwesend sind, das Problem lösen können. Dabei sollten Sie im Blick haben, was die Gruppe leisten kann und will. Eine Gruppe wird überfordert, wenn an sie ein zu hoher, nicht erfüllbarer Anspruch gestellt wird.

Verantwortung für Prozess, nicht für Inhalt Der Moderator ist für den Prozess der Moderation, nicht aber für deren Inhalt verantwortlich. Dabei ist er nicht neutral, sondern „allparteilich". Das bedeutet, er muss sich in jede Partei hineinversetzen und deren Argumentation verstehen können. Manchmal kann es auch hilfreich sein, die Argumente einer Gruppe zu verstärken. Gleichzeitig muss er aber auch die Argumentation der anderen Parteien verstehen und – falls notwendig – auch diese hervorheben. Durch seine Allparteilichkeit macht der Moderator den anderen Teilnehmern deutlich, dass jede Argumentation und Sichtweise interessant ist und Bedeutung für den Gruppenprozess hat.

Tipp: Üben Sie bei jeder Gelegenheit
Gerade dann, wenn Sie wenig Erfahrung in der Moderation von Gruppen haben, nutzen Sie jede Gelegenheit, eine Moderation zu übernehmen oder einen Kollegen bei der Moderation zu unterstützen.

Im Workshop müssen Sie erreichen, dass die Energie der Teilnehmer in die Lösungsfindung fließt. Wenn die Teilnehmer spüren, dass Sie großes Interesse daran haben, dass die Gruppe eine Lösung findet, dann wird sich diese Energie auf die Gruppe übertragen. Der Moderator befindet sich in einer Moderation immer auf dem entgegengesetzten Energiepol der Gruppe: Ist die Gruppe rege und aktiv, nehmen Sie sich zurück. Hat sich die Gruppe verloren oder ist sie gelähmt, dann stellen Sie Fragen, bieten Lösungswege an oder aktivieren die Teilnehmer durch Lockerungsübungen.

Energie auf Lösung fokussieren

Visualisierung fokussiert die Aufmerksamkeit der Teilnehmer

Inzwischen sind sie aus Besprechungsräumen nicht mehr wegzudenken: Stifte, Karten und Pinnwände. Das sind die typischen Materialien, mit denen in Workshops gearbeitet wird.

Und dies hat seinen Grund: Moderationen leben von der Visualisierung der Arbeitsergebnisse. Damit sind die zentralen Aussagen für jeden Teilnehmer zu jeder Zeit präsent. Die Visualisierung fokussiert die Aufmerksamkeit auf die bereits erarbeiteten Ergebnisse und treibt damit die Themenbearbeitung voran. Als Moderator nutzen Sie die Visualisierung auch zur Steuerung des Prozesses. Sie geben mit der Visualisierung der Diskussion eine Struktur, durch die die Diskussion dann gesteuert wird.

Flipchart und Pinnwand sind Medien, mit deren Hilfe Sie während der Moderation die Arbeitsergebnisse visualisieren. Die Flipchart eignet sich besonders gut zum Mitschreiben von Sachverhalten und für das Arbeiten in Kleingruppen. Die Pinnwand ist ein Medium, durch das Diskussionsprozesse visualisiert werden. Auf Pinnwänden wird mit sog. Moderationskarten visualisiert. Das sind 10 × 20 cm große farbige Karten, auf die Sachverhalte geschrieben und dann mit Pins an die Moderationswand geheftet werden. Damit kann die Visualisierung flexibel an den jeweiligen Stand der Diskussion durch das Verschieben und Umgruppieren der Karten angepasst werden.

Flipchart und Pinnwand

Auf der CD finden Sie eine Liste des Moderationsmaterials, das Sie für einen Workshop mit zwölf Teilnehmern benötigen.

Wie gut die Teilnehmer mit den Moderationstechniken arbeiten können, hängt auch davon ab, wie gut Sie schreiben. Machen Sie es den Teilnehmern leicht, das zu lesen, was Sie mitschreiben. Mit einer gut leserlichen Schrift bringen Sie den Teilnehmern

Schreiben Sie leserlich

Wertschätzung entgegen, da Sie deren Beiträge durch eine klare und deutliche Darstellung würdigen. Dagegen signalisieren Sie den Teilnehmern mit einer unleserlichen Schrift: „Es ist ja eigentlich nicht so wichtig, was Sie hier sagen." Zudem erfordert eine schwer lesbare Schrift zusätzliche Aufmerksamkeit, die der Diskussion verloren geht.

 Das Merkblatt „Moderationsschrift" gibt Ihnen Hinweise, wie Sie auf Ihren Plakaten gut visualisieren.

Die Teilnehmer müssen sich jederzeit auf den Plakaten und Flipchart-Blättern zurechtfinden können. Denn sie sind ein Teil des Gruppengedächtnisses, mit deren Hilfe sich die Teilnehmer immer wieder erinnern müssen. Ihre Visualisierung wird übersichtlich, wenn Sie die folgenden Punkte beachten:

Geben Sie jedem Plakat eine Überschrift: Die Überschrift gibt in knappen Worten den Inhalt wieder. Der Leser erkennt auf einen Blick, worum es hier geht. Deshalb muss die Überschrift durch Schriftgröße und Gestaltung sofort ins Auge springen. Die Überschrift sollte links oben oder in der Mitte stehen, denn dies entspricht den Lesegewohnheiten.

Betonen Sie inhaltliche Nähe durch die optische Gestaltung: Vom Sinn her zusammengehörende Sachverhalte sollten durch die räumliche Nähe oder Gleichartigkeit der Farben und Formen betont werden. Damit wird auf dem Plakat sofort erkennbar, welche Punkte zusammengehören und welche nicht. So können sich die Teilnehmer sehr schnell orientieren und die Sie interessierenden Inhalte finden.

Heben Sie Wichtiges durch Farben hervor: Wenn Sie sich dabei auf wenige Farben beschränken, erhöhen Sie die Wirkung. Bei der Moderation sind die vier Farben Rot, Grün, Blau und Schwarz ausreichend. Die Leser verbinden mit Farben unterschwellig eine Bedeutung. Achten Sie darauf, dass Sie die gleichen Farben immer in einer ähnlichen Bedeutung verwenden.

Eine erfolgreiche Moderation beginnt mit einer guten Vorbereitung

„Vielen Dank für die Moderation. Sie hat uns geholfen, das Problem aus einem anderen Blickwinkel zu sehen. Vielen Dank auch für Ihre Geduld und das Geschick, uns bei Irrwegen immer wieder auf den richtigen Pfad zu bringen." So oder ähnlich wünscht sich jeder Moderator das Feedback nach seiner Moderation. Das Feedback für den Moderator ist das Ende eines langen Weges, der mit der Vorbereitung beginnt.

Für Sie als Moderator fängt die Moderation schon lange, bevor der erste Teilnehmer den Raum betreten hat, an. Sie müssen die Lösung des Problems nicht kennen, aber genau wissen, wie Sie die Gruppe dorthin führen können. Dabei sind zwei Aspekte wichtig: der Sachaspekt, das Problem oder die Fragestellung für den Workshop und die emotionale Ebene, die Befindlichkeit der Teilnehmer. Den Sachaspekt müssen Sie kennen, um für die Gruppe Fragen und Arbeitsschritte zu entwickeln, den emotionalen Aspekt müssen Sie kennen, um sich auf die Gruppe einzustellen.

Sachaspekt und emotionale Ebene

Wenn Sie eine Moderation übernehmen, beginnen Sie in der Moderationsvorbereitung damit, Informationen über das Problem, das Ziel des Workshops, die Teilnehmer, den Lösungsdruck und mögliche Widerstände zu sammeln.

Auf der CD finden Sie eine Liste von Fragen, die Sie sich oder dem Auftraggeber der Moderation stellen sollten.

Die Antworten auf Ihre Fragen bei der Vorbereitung sind die Grundlage für das sog. Design oder Drehbuch der Moderation. Dabei überlegen Sie, welche Arbeitsschritte und Fragestellungen die Gruppe sachlich bearbeiten muss, um eine Lösung zu finden. Formulieren Sie die Fragen für die Gruppe so genau wie möglich. Dies hilft den Teilnehmern, konkrete und problembezogene Antworten zu finden.

Checkliste: So kommen Sie zum Design des Workshops	
Schreiben Sie die Ziele und erwarteten Ergebnisse des Workshops auf.	
Legen Sie fest, mit welcher Methode Sie die Teilnehmer miteinander bekannt machen wollen.	
Formulieren Sie die Einstiegsfrage in den Workshop und legen Sie fest, mit welcher Methode Sie die Teilnehmer danach befragen wollen (Blitzlicht, Einpunktfrage, siehe unten).	
Formulieren Sie die Kartenfrage (siehe unten).	
Überlegen Sie, welche Szenarien geeignet sind, Teillösungen zu finden. Legen Sie fest, wie die Kleingruppen dafür zusammengesetzt sein müssen.	
Überlegen Sie, wie die Ergebnisse am besten zusammengetragen werden.	
Prüfen Sie, ob mit der von Ihnen entwickelten Vorgehensweise das Ziel des Workshops erreicht wird und die Ergebnisse erarbeitet werden können.	

In einem Workshop sind Sie entweder Moderator in eigener Sache, oder Sie haben den Auftrag erhalten, die Moderation zu übernehmen. Im ersten Fall müssen Sie die Balance finden zwischen den eigenen Interessen am Thema und der „Allparteilichkeit" als Moderator. Und im zweiten Fall müssen Sie den Auftrag genau mit Ihrem Auftraggeber klären.

Tipp: Zwei Moderatoren bei großen Workshops

Vor allem bei großen Workshops sollten Sie die Moderation zu zweit durchführen. Dies hat folgende Vorteile: Sie können die Gruppe aus unterschiedlichen Blickwinkeln betrachten und immer ein Moderator kann in Kontakt mit der Gruppe sein, selbst wenn der andere etwas visualisiert. Außerdem können Sie sich gegenseitig unterstützen, wenn es einmal etwas schwierig werden sollte.

Der Moderator gestaltet Problemlösungsprozesse in Gruppen

Zu Beginn des Workshops sind die Teilnehmer gespannt auf das, was passiert. Sie sind zusammengekommen, um ein Problem zu analysieren, Lösungen zu erarbeiten oder Strategien zu entwickeln. Vielleicht stehen die Teilnehmer auch unter Druck, wenn die Lösung des Problems dringend oder eine neue Strategie erforderlich ist. Einige haben schon eine Idee, wie das Ergebnis aussehen könnte, andere dagegen können sich nicht vorstellen, dass es überhaupt eine Lösung gibt.

Teamentwicklungsprozess in klein Mit der Moderation gestalten Sie gleichzeitig immer auch einen Gruppenprozess. Oft kommen Teilnehmer – zumindest in dieser Zusammensetzung – zum ersten Mal zusammen. Die Gruppe durchläuft einen kleinen Teamentwicklungsprozess: Die Teilnehmer müssen sich erst kennenlernen, sich mit ihrer Kompetenz positionieren und die Regeln für ihr gemeinsames Arbeiten festlegen. Erst wenn die Gruppe diesen Prozess durchlaufen hat, ist sie arbeitsfähig.

Ihr Geschick als Moderator ist es, die Teilnehmer von dieser Ausgangssituation zu einer Lösung zu führen. Für den Moderationsprozess haben sich die folgenden sechs Schritte bewährt.

Schritt 1: Auf das Thema und den Prozess einstimmen

Schritt 2: Orientierung geben

Schritt 3: Themen bearbeiten

Schritt 4: Lösungsmöglichkeiten finden und Lösung bestimmen

Schritt 5: Maßnahmen planen

Schritt 6: Workshop abschließen

Diese sechs Prozessschritte sind in der folgenden Abbildung 9 dargestellt.

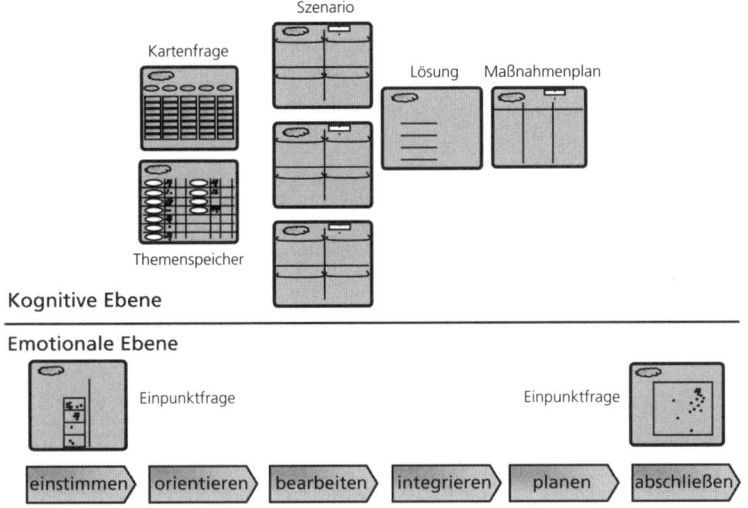

Abbildung 9: Die Moderation gibt dem Workshop eine Struktur.

Auf der CD finden Sie ein Merkblatt mit einer ausführlichen Beschreibung der Moderationsphasen.

Stimmen Sie die Teilnehmer ein

Ein Orchester stimmt sich aufeinander ein, bevor der erste Takt gespielt wird. Genauso sollte es auch bei einem Workshop sein. Bevor die Gruppe anfängt zu arbeiten, stimmen sich die Teilnehmer aufeinander und das Thema ein. Damit haben sie dann ein gemeinsames Verständnis vom Ziel und vom Verlauf des Workshops. *Ziel und Verlauf vermitteln*

In diesem ersten Prozessschritt, dem Einstimmen, bearbeiten Sie die folgenden vier Punkte: Sie

- erläutern das Ziel,
- klären die Rollen und die Verantwortung,
- legen die Regeln für den Workshop fest und
- machen die Teilnehmer miteinander bekannt.

Das Ziel des Workshops wird entweder von Ihnen vorgegeben oder von demjenigen, der Sie mit der Moderation beauftragt hat. Dieses Ziel erläutern Sie den Teilnehmern und versichern sich, dass auch die Teilnehmer dieses Ziel verfolgen. In diesem ersten Schritt machen Sie auch deutlich, dass Sie als Moderator für den Prozess verantwortlich sind und die Teilnehmer ihre Expertise in den Workshop einbringen sowie das Ergebnis erarbeiten.

Geben Sie den Teilnehmern einen Rahmen für ihr Verhalten im Workshop. Dazu stellen Sie Regeln auf. Diese sollten die Gruppe nicht einengen, aber verhindern, dass über Verfahrensfragen diskutiert wird.

Eine Zusammenstellung von Workshopregeln finden Sie auf der CD.

Egal, ob die Teilnehmer sich kennen oder nicht: Sie sollten nie auf eine Vorstellungsrunde verzichten. In der Vorstellungsrunde nennen die Teilnehmer ihren Namen, ihre Rolle in der Organisation, was sie schon zum Thema wissen und welche Erwartungen sie an den Workshop haben. Mit der Vorstellungsrunde geben Sie jedem Teilnehmer die Chance, sich selbst ins richtige Licht zu setzen und sich mit dem eigenen Standpunkt zu positionieren.

Für die Vorstellung der Teilnehmer gibt es zwei Techniken:

- Gruppenspiegel oder
- Visitenkarte bzw. Steckbrief.

Gruppenspiegel Für den Gruppenspiegel erstellen Sie ein Plakat mit einer Tabelle. Diese sollte vier bis fünf Spalten haben. Jede Spalte steht für eine Information, mit der sich die Teilnehmer vorstellen sollen. Dazu gehören der Name, die Funktion, die Rolle im Workshop und die Erwartungen. Die Teilnehmer tragen dann in die Zeilen die zu ihnen gehörenden Informationen ein.

Ein Merkblatt, in dem die Technik des Gruppenspiegels ausführlich beschrieben ist, finden Sie auf der CD.

Visitenkarten- Die Visitenkarten- oder Steckbrieftechnik ist für Vorstellungs-
und Steckbrief- runden geeignet, bei denen Sie den Teilnehmern sehr viel
technik Raum für ihre Vorstellung geben wollen. Jeder Teilnehmer erstellt für sich ein Plakat mit seiner Selbstvorstellung. Damit präsentiert er sich dann vor der Gruppe.

Ein Merkblatt, in dem die Technik des Steckbriefs ausführlich beschrieben ist, finden Sie auf der CD.

Tipp: Fragen- und Problemspeicher anlegen

Führen Sie gleich zu Beginn eine Moderationswand als Fragenspeicher und einen Problemspeicher ein. Hier werden Fragen und Themen, die nicht sofort im Workshop bearbeitet werden können, festgehalten. Durch den Fragenspeicher werden Themen ausgeklammert, die erst in einem späteren Teil des Workshops geklärt werden, und mit dem Problemspeicher werden Themen aus dem Workshop selbst ausgeklammert. Fragen, die am Ende des Workshops nicht beantwortet sind, werden in den Problemspeicher übernommen. Meist haben Teilnehmer Angst, dass ihre Frage oder ihr Problem im Workshop unter den Teppich gekehrt wird. Mit diesen beiden Techniken signalisieren Sie den Teilnehmern: „Alles, was Sie hier im Workshop einbringen, hat seinen Platz."

Ein Merkblatt, auf dem die Technik des Fragen- und Problemspeichers ausführlich beschrieben ist, finden Sie auf der CD.

Geben Sie Orientierung

Das Problem oder die Fragestellung wurden im ersten Schritt zwar benannt, aber nicht in allen Details ausgeführt. Bevor Sie mit der Lösung beginnen können, müssen Sie deshalb das Problem eingrenzen. Erst dann, wenn alle ein gemeinsames Verständnis des Problems haben, können die Teilnehmer auch eine gemeinsame Lösung erarbeiten.

In diesem zweiten Prozessschritt, der Orientierung, sammeln Sie Themen, Probleme, Aspekte und Sichtweisen der Teilnehmer und ordnen diese zusammen mit ihnen. Hier nutzen Sie die große Meinungsvielfalt der Teilnehmer, um keinen Aspekt des Themas zu vergessen. Dies hat noch einen weiteren Vorteil. Die Teilnehmer lernen voneinander, welche Sicht sie auf das Thema haben. In drei Teilschritten grenzen Sie das Thema ein:

Probleme und Sichtweisen sammeln

- Unterschiedliche Sichtweisen und Aspekte zum Thema sammeln
- Sichtweisen und Aspekte zu Teilthemen gruppieren
- Themen gewichten und die weiteren Schritte für die Problemlösung festlegen

Ihre Aufgabe als Moderator ist es hier, eine möglichst treffende Frage für die Problem- oder Fragestellung des Workshops zu formulieren.

Für diesen Schritt können zwei Techniken angewendet werden:

- Kartenfrage und
- Zuruffrage.

Beide Techniken haben das gleiche Ziel: Mit ihnen werden
Beispiele für Fragestellungen Themen, Probleme und Stichworte zu einer Fragestellung gesammelt. Beispiele für solche Fragestellungen sind: „Worüber müssen wir unbedingt sprechen, damit ...?" oder „Was gefällt Ihnen/stört Sie an ...?" oder „Wenn ich an die jetzige Situation im Projekt denke, dann ...".

Bei der Kartenfrage schreiben die Teilnehmer ihre Antworten
Kartenfrage auf Moderationskarten. Diese sammeln Sie dann ein, sortieren Sie zusammen mit den Teilnehmern und hängen sie an die Pinnwand. Dazu teilen Sie die Pinnwand in Spalten. Jede Spalte steht für ein Themencluster. Nachdem Sie die Karten eingesammelt haben, fragen Sie bei jeder Karte, in welche Spalte die Teilnehmer diese einsortieren möchten.

In einem zweiten Schritt haben die Teilnehmer bei der Kartenfrage die Aufgabe, für jede Spalte eine treffende Überschrift zu finden. Dadurch wird das Teilthema mit einem Begriff benannt und kann weiterbearbeitet werden. Auf diese Weise setzen sich die Teilnehmer bereits hier inhaltlich mit den verschiedenen Aspekten des Themas auseinander, indem sie diese gegeneinander abgrenzen. So entstehen Teilthemen, die sich unabhängig voneinander bearbeiten lassen.

 Ein Merkblatt, auf dem die Technik der Kartenfrage ausführlich beschrieben ist, finden Sie auf der CD.

Mit der Zuruffrage können die Teilthemen schneller ermit-
Zuruffrage telt werden. Im Unterschied zur Kartenfrage visualisieren Sie als Moderator die Antworten der Teilnehmer auf dem Plakat. Der Begriff „Zuruffrage" kommt daher, dass die Antworten dem Moderator zugerufen werden, der diese dann notiert. Am Ende stehen auf dem Plakat viele Aspekte und Sichtweisen zum Thema. Wie bei der Kartenfrage werden hieraus dann Teilthemen ermittelt.

 Ein Merkblatt, auf dem die Technik der Zuruffrage ausführlich beschrieben ist, finden Sie auf der CD.

Mit diesem Schritt haben Sie den Teilnehmern geholfen, das Thema oder Problem näher zu umreißen und die Themen voneinander abzugrenzen. Sie haben die Teilnehmer immer wieder auf die Sachebene zurückgeholt, wenn ihre emotionale Betroffenheit zu lebhaften Diskussionen geführt hat. Durch Nachfragen haben Sie die Teilnehmer darin unterstützt, ihre Aussagen auf den Punkt zu bringen.

In der nächsten Phase erarbeiten Sie zusammen mit den Teilnehmern die Reihenfolge für die Bearbeitung der Themen. Die Mehrpunktfrage ist z. B. eine Technik, mit der die Teilnehmer die Themen bewerten. Dazu erstellen Sie einen Themenspeicher und die Teilnehmer gewichten die Themen durch die Vergabe von Punkten.

Reihenfolge erarbeiten

Der Themenspeicher ist in Form einer Tabelle angelegt. In den Zeilen der Tabelle stehen die Themen. Zu jedem Thema gehört eine Spalte für die Gewichtung durch die Punkte und eine Spalte, in der der Rang festgehalten wird. Formulieren Sie für die Gewichtung eine Frage: Zum Beispiel: „Mit welchem Thema will ich beginnen?" oder „Was interessiert mich jetzt am meisten?". Die Teilnehmer bekommen Klebepunkte, die sie zu den Themen kleben. Mit der Anzahl der Klebepunkte drücken die Teilnehmer aus, wie wichtig das Thema für sie ist.

Abbildung 10 zeigt, wie mit der Mehrpunktfrage Themen priorisiert werden.

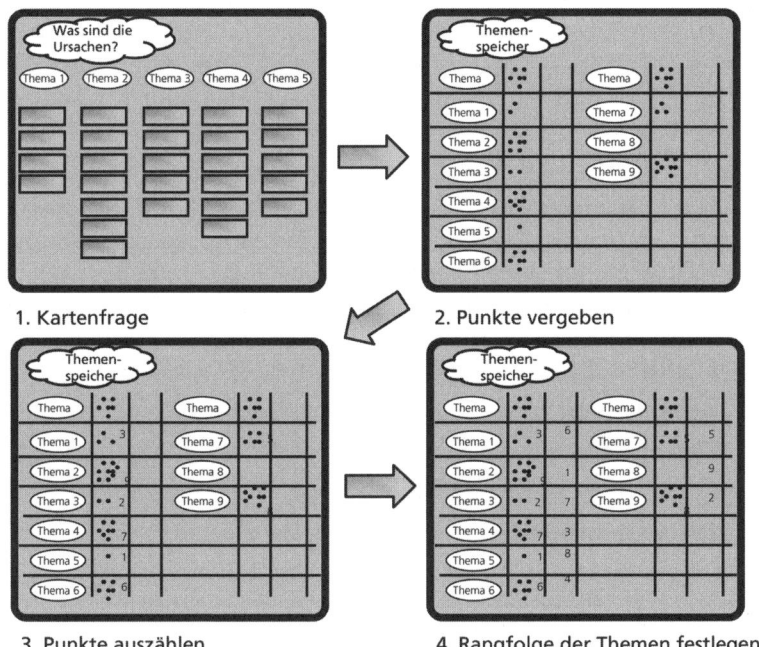

Abbildung 10: Mit der Mehrpunktfrage bestimmen die Teilnehmer, welche Themen für sie wichtig sind.

Ein Merkblatt, auf dem die Technik des Themenspeichers ausführlich beschrieben ist, finden Sie auf der CD.

Lassen Sie Themen bearbeiten

Wie isst man einen Elefanten? In kleinen dünnen Scheiben. Genau diese, etwas scherzhaft formulierte Regel haben Sie angewandt. Das große, unübersichtliche und komplexe Thema wurde in kleine, für sich bearbeitbare Teilthemen zerlegt. Jetzt starten Sie mit den Teilnehmern die Themenbearbeitung.

In diesem Prozessschritt werden die Teilthemen präzisiert und konkretisiert. Für jedes Teilthema werden Lösungsideen entwickelt und Schritte festgelegt, wie die Lösungen umgesetzt werden können.

In der großen Gruppe teilen Sie jetzt die Kräfte: Sie bilden Kleingruppen, die jeweils die Bearbeitung eines Themas übertragen bekommen. Eine Kleingruppe von drei bis sechs Personen hat den Vorteil, dass sie sich selbst steuern kann. Sie braucht, um arbeitsfähig zu sein, keinen Moderator. In dieser Phase arbeiten die Teilnehmer allein. Das Ergebnis der Kleingruppenarbeit wird dann im Plenum vorgestellt und diskutiert. Oft ergeben sich durch diese Diskussion noch einmal neue Aspekte.

Szenario-Technik Ein Szenario ist eine Methode, durch die ein Thema unter verschiedenen Gesichtspunkten beleuchtet wird. Die Szenarien für die Themenbearbeitung haben Sie bereits vorbereitet. Dazu haben Sie für jeden Gesichtspunkt eine Frage formuliert. Mithilfe dieser Fragen werden die Teilnehmer dann durch die Bearbeitung des Teilthemas geführt. Eine fast für alle Fälle anwendbare Struktur für ein Szenario ist die Bearbeitung der Teilthemen durch folgende Fragen:

- Wie ist die Situation zum gegenwärtigen Zeitpunkt?
- Welche Situation streben wir an?
- Welche ersten Schritte müssen wir gehen?
- Welche Gründe können die Umsetzung behindern?

Ein Merkblatt, auf dem die Technik des Szenarios ausführlich beschrieben ist, finden Sie auf der CD.

Unterstützen Sie die Gruppen Auch wenn die Teilnehmer in dieser Phase in Kleingruppen diskutieren, haben Sie als Moderator jetzt keine Pause. Zeigen Sie Präsenz! Gehen Sie zu den Gruppen. Hören Sie interessiert zu. Helfen Sie der Gruppe durch Fragen, ihre Lösungen präziser zu formulieren. Bieten Sie Ihre Hilfe an. Aber mischen Sie sich nicht in die inhaltliche Bearbeitung der Themen ein, selbst wenn es Ihnen schwerfällt. Vorschläge sollten nur in Form einer Frage gemacht werden: „Haben Sie schon berücksichtigt, ...?" oder „Wie wäre es, wenn ...?".

Tipp: Ergebnispräsentation vorbereiten

Den Kleingruppen fällt es meistens schwer, ein Mitglied zu finden, das die Ergebnisse präsentiert. Meist erklärt sich unter Zeitdruck eine oder einer dazu bereit. Dies ist oft keine gute Lösung, denn die Qualität der Präsentation vor dem Plenum entscheidet mit darüber, wie gut die Teilnehmer, die nicht an der Erarbeitung des Ergebnisses beteiligt waren, dieses verstehen.

Hilfreich ist hier, wenn der Moderator kurz vor dem Ende der Kleingruppenarbeit jede Gruppe fragt, wie sie die Ergebnisse präsentieren will. Dies reicht meist schon aus, um den Teilnehmern bewusst zu machen, wie wichtig die Präsentation im Plenum ist.

Die Teilnehmer der Kleingruppen haben nun eine Meinung zu ihrem Thema entwickelt. Diese muss nicht immer mit der Meinung der anderen Teilnehmer übereinstimmen. Aus der Bearbeitung eines anderen Teilthemas entstehen oft ganz andere Sichtweisen und die erarbeiteten Lösungsvorschläge werden in einem anderen Licht gesehen. Mit der Diskussion der Themen im Plenum bildet sich eine gemeinsame Meinung aller Teilnehmer heraus. In diesem Prozess haben Sie als Moderator die Aufgabe, den Teilnehmern durch Nachfragen zu helfen, ihre Standpunkte deutlich zu formulieren. Wenn es zu entgegengesetzten Auffassungen über einen Punkt kommt, kennzeichnen Sie dies durch einen Blitz auf dem Plakat. Das Für und Wider der einzelnen Punkte muss so lange diskutiert werden, bis sich eine gemeinsame Meinung herausbildet.

Diskussion im Plenum

Schreiben Sie die Punkte, zu denen die Teilnehmer eine gemeinsame Meinung erzielt haben, auf eine Flipchart. Diese Vorschlagsliste ist dann die Basis für die Formulierung des abschließenden Ergebnisses und die Erstellung des Maßnahmenplans.

Gemeinsame Meinung festhalten

Helfen Sie der Gruppe bei der Lösungsfindung

Viele Stunden intensiver Arbeit sind schon vergangen. Die Teilnehmer haben ihre Ideen beigetragen, am Lösungsweg gezweifelt oder sich vielleicht sogar gestritten. Auf der sachlichen Seite wurden aber erste Teillösungen gefunden. In dieser Phase müssen Sie als Moderator den Teilnehmern helfen, nochmals Energie aufzubringen, um eine gemeinsame, von allen getragene Lösung zu finden.

Gesamtlösung zusammen-bauen
Jetzt müssen die Lösungen für die Teilprobleme wie ein Puzzle zu einer Gesamtlösung zusammengesetzt werden. Und nicht nur das: Gleichzeitig sind auch die Lösungsideen so konkret zu durchdenken, dass klar wird, wie diese umgesetzt werden können und ob sie realisierbar sind. Die Gruppe muss eine Lösung finden, hinter der alle stehen und deren Umsetzung auch von allen getragen wird. In dieser Prozessphase, der Integration, werden die Teilergebnisse also zu einer Gesamtlösung zusammengeführt.

Vorschlagsliste erstellen
Der Diskussionsprozess in der Gruppe wird durch den Moderator gesteuert. In der ersten Phase müssen Sie die Teilergebnisse für die gesamte Gruppe sichtbar machen. Bitten Sie jede Gruppe, in ein bis zwei Sätzen den Kern ihres Beitrags zu erläutern. Daraus entsteht eine Vorschlagsliste. Sie ist die Basis für die Formulierung des Ergebnisses.

Jetzt müssen die Beiträge durch die Gruppe bewertet werden. Sie müssen dabei darauf achten, dass

- die Beiträge aller Teilnehmer gewürdigt werden (emotionale Ebene),
- jedoch nur die Beiträge weiterverfolgt werden, die zur Gesamtlösung beitragen (sachliche Ebene).

Fokus auf die Zukunft
Lenken Sie in dieser Phase die Aufmerksamkeit der Teilnehmer auf die Zukunft. Fragen Sie nicht „Welche Lösung ist besser?", sondern: „Welche der vorgeschlagenen Teillösungen trägt zu Gesamtlösung bei?".

Provozieren Sie die Gruppe
Es kommt vor, dass die Teilnehmer die Ergebnisse der Arbeitsgruppen eher passiv aufnehmen und wenig Fragen oder kritische Anmerkungen zu den Ergebnissen haben. Sie helfen der Gruppe, wenn Sie hier in die Rolle der kritischen und eher zweifelnden Teilnehmer schlüpfen und selbst nachfragen. Je passiver die Teilnehmergruppe ist, umso provokanter sollten Sie sein: „Ich sage hier mal provokant: Ihr Lösungsvorschlag klingt für mich ziemlich unrealistisch." Je kritischer die Lösungsvorschläge unter die Lupe genommen werden, umso sicherer ist es, dass das Endergebnis dann auch in der Praxis standhält.

In dieser Phase helfen Sie der Gruppe durch Visualisierung:

- Machen Sie Skizzen, die von Teilnehmern ergänzt werden können.
- Machen Sie Textvorschläge.

- Aktivieren Sie die Teilnehmer und bitten Sie sie, ebenfalls Vorschläge zu machen.

Bis zu diesem Punkt hat die Gruppe einen anstrengenden Arbeitsprozess durchlebt. Meinungen sind aufeinandergeprallt, Interessen mussten verteidigt und Kompromisse eingegangen werden. Für die Gruppe ist die gefundene Lösung dann eine Erleichterung. Dies darf jedoch nicht zu einer verfrühten Euphorie führen. Die Lösung muss jetzt noch daraufhin überprüft werden, ob sie auch umsetzbar ist. **Lösung auf Umsetzbarkeit hin prüfen**

Mit den folgenden beiden Fragen richten Sie die Aufmerksamkeit der Teilnehmer jetzt auf die Realisierbarkeit der Lösung:

- Welche Chancen sehen wir in der von uns erarbeiteten Lösung?
- Welche Risiken müssen beachtet werden?

Tipp: So prüfen Sie die Realisierungschance

Insbesondere dann, wenn die Teilnehmer selbst sehr stark an der Behebung des Problems beteiligt sind, kann auch die folgende Frage helfen, selbstkritisch die Chancen für die Umsetzung einzuschätzen: „Welche Ausreden werden uns einfallen, diese Lösung nicht umzusetzen?" Mit dieser Frage regen Sie die Teilnehmer an, über die Realisierungschancen der Lösung nachzudenken.

Motivieren Sie die Teilnehmer, Maßnahmen zu planen

Der Workshop war bisher ein Erfolg, wenn jeder Teilnehmer ein klares Bild von der Lösung hat. Jedoch reicht dies nicht aus, um sie in der Praxis umzusetzen. Dazu müssen sich die Teilnehmer zu konkreten Umsetzungsschritten verpflichten.

Ergebnis dieses Schritts, der Maßnahmenplanung, ist ein Maßnahmenplan: In ihm werden alle Aufgaben dokumentiert, die nach dem Workshop durchgeführt werden müssen. Dazu wird **Maßnahmenplan** ein Plakat erstellt, auf dem alle Maßnahmen, deren Bearbeiter und der Endtermin für die Ausführung stehen. Den Teilnehmern ist oft schnell klar, was getan werden muss. Der schwierige Teil beginnt dann, wenn Verantwortliche für die Maßnahmen benannt werden müssen. Als Moderator müssen Sie dafür werben, dass die Teilnehmer ihre Aufgaben verantwortlich übernehmen.

Ein Merkblatt, auf dem der Maßnahmenplan ausführlich beschrieben ist, finden Sie auf der CD.

Sorgen Sie für ein gutes Ende

Seit dem Beginn des Workshops sind mehrere Stunden oder auch ein, zwei Tage vergangen. Die Teilnehmer haben sich intensiv mit einem Problem beschäftigt und mit viel Engagement eine Lösung erarbeitet. Vielleicht kam es im Workshop auch zu Spannungen zwischen den Teilnehmern. Vielleicht waren die Teilnehmer auch unzufrieden mit der Vorgehensweise. Der letzte Schritt macht all dies transparent.

Motiviert für die Umsetzung In diesem letzten Schritt, dem Abschluss, soll vor allem Energie und Motivation für die Umsetzung entstehen. Idealerweise gehen die Teilnehmer hoch motiviert, aber mit einem realistischen Blick für das Machbare aus dem Workshop.

Die beste Voraussetzung für eine große Motivation, die Lösung auch umzusetzen, ist ein Workshop, in dem die Teilnehmer sich mit ihren Interessen eingebracht haben und in dem die Zusammenarbeit anregend war. Als Moderator merken Sie dies an vielen Zeichen:

• Die Teilnehmer arbeiten in den Pausen weiter.

• Sie sind mit offenem Blick und konzentriert in den Diskussionen dabei.

• Trotz hoher Arbeitsintensität und vielleicht auch Konfrontationen ist die Atmosphäre entspannt.

• Fast wie von selbst entstehen Ideen und werden von der Gruppe weiterverfolgt.

Mit dem letzten Schritt transportieren Sie diese Energie in die Umsetzung nach dem Workshop.

> **Tipp: Emotionaler Anker hilft loszulassen**
>
> Schaffen Sie in dieser Situation für die Teilnehmer einen emotionalen Anker. Ein kleiner Gegenstand, den die Teilnehmer mit ins Büro nehmen können, wird sie immer wieder an das erfolgreiche Erlebnis erinnern. Hier sind einige Ideen dafür: ein selbst bemalter Stein als „Stein der Erkenntnis", ein Plastikei als Metapher für die erfolgreich „ausgebrütete" Lösung oder irgendein Symbol, das mit dem gelösten Problem in Zusammenhang steht.

Feedback bei schwierigem Workshop Verschließen Sie jedoch nicht Ihre Augen, wenn ein Workshop einmal nicht so erfolgreich verlief. Eine Motivationsübung zum Schluss macht in einem solchen Fall die Sache eher noch schlimmer. Zeigen Sie hier der Gruppe, wo sie aus Ihrer Sicht steht. Hier ist Ihr Feedback als Moderator gefordert: Schildern Sie den Verlauf des Workshops, machen Sie deutlich, an welchen Stellen es nicht weiterging, und fragen Sie nach Hindernissen und Tabus, die den Blick auf eine Lösung verstellt haben.

Im letzten Schritt findet der Workshop nicht nur einen sachlichen, sondern auch einen emotionalen Abschluss. Damit motivieren Sie die Teilnehmer nochmals, die Ergebnisse umzusetzen, und machen die Zufriedenheit, aber auch die Unzufriedenheit mit dem Ergebnis und dem Verlauf sichtbar. Last but not least beenden Sie so den Workshop formal und verabschieden die Teilnehmer.

Emotionaler Abschluss

Für den Abschluss eignen sich besonders gut die Techniken „Einpunktfrage" und „Blitzlicht".

Bei der Einpunktfrage wird den Teilnehmern eine halb geschlossene Frage gestellt. Während bei einer geschlossenen Frage nur die Antworten „Ja" oder „Nein" möglich sind, wird bei einer halb geschlossenen Frage ein Antwortspektrum vorgegeben. Bei der Einpunktfrage geben die Teilnehmer ihre Antwort dadurch, dass sie einen Punkt auf ein vorbereitetes Plakat kleben. Ein Beispiel dafür ist in Abbildung 11 wiedergegeben.

Einpunktfrage

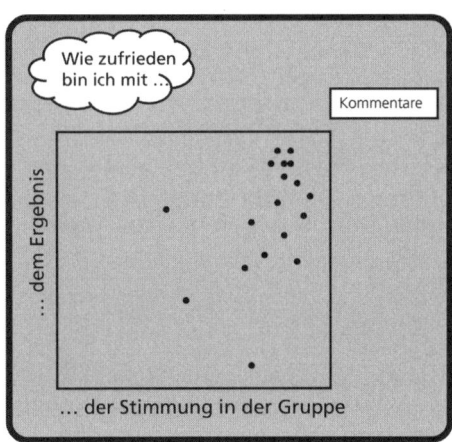

Abbildung 11: Mit der Einpunktfrage machen die Teilnehmer ihre sachliche und emotionale Zufriedenheit mit dem Workshop deutlich.

Die Stellung der Punkte auf der Skala ist relativ. Deshalb kann jeder Teilnehmer erläutern, warum er den Punkt an eine bestimmte Stelle geklebt hat. Einpunktfragen dürfen auf keinen Fall dazu benutzt werden, daraus ein allgemeines Stimmungsbild abzuleiten. Selbst wenn sich die Punkte an einer Stelle befinden, kann daraus nicht abgeleitet werden, dass sie aus dem gleichen Motiv an diese Stelle geklebt wurden.

 Ein Merkblatt, auf dem die Technik der Einpunktfrage ausführlich beschrieben ist, finden Sie auf der CD.

Blitzlicht   Ein Blitzlicht ist eine kurze Fragerunde, in der jeder Teilnehmer zu einer Frage oder Situation Stellung nimmt. Dabei wird nicht diskutiert, sondern die Antworten machen die persönliche Sicht eines jeden Teilnehmers deutlich. Jeder Teilnehmer muss das sagen können, was ihn bewegt.

 Ein Merkblatt, auf dem die Technik des Blitzlichts ausführlich beschrieben ist, finden Sie auf der CD.

Ein Blitzlicht ist eine sehr wirksame Technik, um Stimmungen zu erfragen. Sie können es auch während des Workshops einsetzen, wenn Sie das Gefühl haben, es gibt unterschwellig Unzufriedenheit oder Unmut. Mit einem Blitzlicht signalisieren Sie den Teilnehmern, dass Sie an deren Meinung über den Verlauf des Workshops interessiert sind. Sie erhalten damit sehr schnell ein Feedback und können die Gestaltung des Workshops entsprechend verändern.

- -

Übung: Gestalten Sie eine Moderation

Planen Sie einen Workshop zur Lösung eines Problems. Stellen Sie sich dabei möglichst konkret das Problem und die Gruppe vor, die dieses Problem lösen soll.

Gestalten Sie jeden einzelnen Schritt der Moderation und formulieren Sie dafür die Fragen.

- -

 Auf der CD finden Sie eine Blanko-Vorlage für die Dokumentation Ihrer Planung für einen Workshop und ein Beispiel für eine Planung eines Workshops zur Problemlösung.

„Nach dem Spiel ist vor dem Spiel", sagte einmal Sepp Herberger. Dies gilt auch für Moderationen. Gut moderieren lernen Sie, wenn Sie sich immer wieder kritisch selbst reflektieren und sich ein Feedback von der Gruppe einholen.

 Auf der CD finden Sie ein Musterformblatt für eine Workshopbewertung durch die Teilnehmer und eine Zusammenstellung von Fragen für ein Review eines Workshops.

Zusammenfassung

Ihre Kompetenz als Moderator:

- Seien Sie als Moderator allparteilich. So können Sie sich in die unterschiedlichen Sichtweisen der Teilnehmer hineindenken. Ihre Stärke besteht darin, den Prozess zu steuern, und nicht, inhaltliche Beiträge zu leisten.
- Formulieren Sie Arbeitsaufträge klar. So verhindern Sie, dass die Gruppe über den Prozess diskutiert.
- Spiegeln Sie der Gruppe wider, wo sie im Arbeitsprozess steht. Sie machen Erreichtes sichtbar, aber auch deutlich, was noch bis zur Lösung fehlt.
- Sprechen Sie Stimmungen in der Gruppe an. So verhindern Sie, dass Störungen den sachlichen Diskussionsprozess überlagern.
- Formulieren Sie Sachverhalte, aber auch Emotionen stellvertretend für einzelne Gruppenmitglieder. Damit stärken Sie die Meinung von Minderheiten, die ebenfalls für die Diskussion wichtig ist.
- Verstärken Sie die positive Energie einer Gruppe. Dies motiviert die Gruppenmitglieder und die gesamte Gruppe.
- Geben Sie der Gruppe ein Feedback. Sie helfen ihr damit, aus ihrem eigenen Prozess zu lernen.

Meetings: Gemeinsam Informationen austauschen und Entscheidungen treffen

> *Nicht Sieg sollte der Sinn der Diskussion sein, sondern Gewinn.*
> (Joseph Joubert, französischer Schriftsteller)

„Was ist das? Viele gehen rein – wenig kommt raus. Lösung: Ein Meeting." Dieser Scherz trifft bei Meetings den Nagel auf den Kopf, denn sie werden oft als ineffizient empfunden. Sowohl von denen, die das Meeting leiten, wie auch von den Teilnehmern. Hinzu kommt, dass Meetings eine teure Arbeitsform sind: Nicht nur, weil unter Umständen Raummiete und Bewirtungskosten anfallen, sondern hauptsächlich deswegen, weil Mitarbeiter dort ihre Arbeitszeit investieren.

Sollte man deshalb ganz auf Meetings verzichten? Nein, denn Meetings sind eine notwendige und wichtige Arbeitsform, wenn verschiedene Personen unterschiedliches Wissen über ein Problem haben, Lösungen nur gemeinsam gefunden werden und für Entscheidungen viele ihr Votum abgeben müssen. Meetings werden in der heutigen Arbeitswelt gerade deshalb immer wichtiger, weil fast für jede Tätigkeit Mitarbeiter untereinander oder mit ihren Kunden Lösungen nur durch den Austausch miteinander finden.

In diesem Kapitel erhalten Sie Antworten auf folgende Fragen:

* Warum sind Meetings wichtig?
* Wie bereite ich ein Meeting vor?
* Wie strukturiere ich ein Meeting?
* Was muss ich als Leiter eines Meetings beachten?
* Wie wird ein Meeting nachbereitet?
* Wie leite ich Telefonkonferenzen?

Auf Meetings kann man nicht verzichten

Meetings oder Besprechungen sind wichtig, weil sie die einzige Arbeitsform sind, mit der Fragen und Probleme im direkten Austausch mit den Beteiligten besprochen werden können. Obwohl sie so wichtig sind, werden sie von den Teilnehmern als ineffizient empfunden. Und dies liegt meist daran, dass sie schlecht vorbereitet, unprofessionell durchgeführt und meistens nicht nachbereitet werden.

Merksatz: Meeting

In einem Meeting oder einer Besprechung kommen die Teilnehmer zusammen, um konkrete, vorher bekannte Fragen und Probleme zu besprechen und Entscheidungen darüber zu treffen, wie weiter vorgegangen werden soll.

Ähnliche Technik, unterschiedliche Ziele
Die Grenze zwischen einem moderierten Workshop und einem Meeting ist oft fließend, jedoch werden mit beiden Arbeitsformen unterschiedliche Ziele verfolgt: Workshops werden durchgeführt, um Ideen zu entwickeln oder Probleme zu klären. Die genaue Frage oder Problemstellung wird oft erst während des Workshops transparent.

Bei folgenden drei Anlässen ist hingegen ein Meeting notwendig und sinnvoll:

* wenn Informationen nicht auf andere Weise weitergegeben werden können,
* wenn für die Lösung des Problems alle Beteiligten erforderlich sind oder

- wenn bei einer Entscheidung alle relevanten Personen einbezogen werden müssen.

In einem Meeting können Sie zwei unterschiedliche Rollen innehaben: Einmal als Teilnehmer, zum anderen als Leiter. Als Teilnehmer haben Sie die Verantwortung, Ihre Sicht zum Thema einzubringen, Ihre Position zu vertreten und mit allen anderen Teilnehmern eine gemeinsame Lösung für Probleme zu finden. Als Leiter ist Ihre Verantwortung eine ganz andere: Sie sind für die Gestaltung des Meetings zuständig und damit für dessen Vorbereitung, Durchführung und Nachbereitung. **Mögliche Rollen**

Ein gutes Meeting beginnt mit einer guten Vorbereitung

Unter dem Strich wird mit einer guten Vorbereitung für ein Meeting viel Zeit gespart: Experten haben ermittelt, dass Sie mit 20 Minuten Vorbereitung ein Drei-Stunden-Meeting bereits um eine Stunde verkürzen können.

Mit der Vorbereitung stellen Sie sich bereits mental auf das Meeting ein: Sie durchdenken die wichtigen Punkte und legen für sich persönlich fest, was Sie mit dem Meeting erreichen wollen. Je klarer Ihr Bild von dem Meeting ist, desto klarer und strukturierter werden Sie die Besprechung leiten.

In fünf Schritten bereiten Sie ein Meeting so vor, dass es erfolgreich ist.

1. Legen Sie fest, was Sie erreichen wollen: Bevor Sie in die Detailplanung des Meetings gehen, sollten Sie zwei Punkte klären: Den Anlass für das Meeting und das Ziel, das Sie damit verfolgen.

2. Prüfen Sie, ob das Meeting notwendig ist: Ist das Ziel klar, dann sollten Sie prüfen, ob es auch nicht mit anderen Mitteln erreicht werden kann. Alternativen zu Meetings sind Einzelgespräche, in denen Sie zwischen den Gesprächspartnern vermitteln, eine E-Mail, zu der jeder seinen Beitrag hinzufügt, oder eine Intranetseite mit der Nennung eines Ansprechpartners.

Tipp: Kontrollfrage
Stellen Sie sich folgende Kontrollfrage: „Was passiert, wenn das Meeting nicht stattfindet?"

Generell gilt: Ein Meeting ist immer dann erforderlich, wenn Sie die Expertise verschiedener Fachleute benötigen oder Sie eine Entscheidung nicht allein, sondern nur zusammen mit den anderen Betroffenen fällen können.

Checkliste: So prüfen Sie, ob ein Meeting notwendig ist	
Die Entscheidungsqualität steigt mit dem Urteil mehrerer Personen.	
Das Problem ist komplex und unklar.	
Der Themenverantwortliche und die Teilnehmer lernen mehr über die Fragestellung.	
Die gleichzeitige Information aller Beteiligten ist erforderlich.	
Die Akzeptanz durch die Betroffenen ist notwendig.	

3. Wählen Sie die richtigen Teilnehmer aus: Die Qualität des Meetings hängt von der Qualität der Beiträge der Teilnehmer ab. Prüfen Sie vor dem Meeting, ob die Teilnehmer, die Sie einladen, qualifiziert, motiviert und auch entscheidungsbefugt sind. Nichts demotiviert einen Teilnehmer in einem Meeting mehr als die Feststellung: „Eigentlich hätte ich nicht dabei sein müssen."

Checkliste: So prüfen Sie, ob Sie die richtigen Teilnehmer im Meeting haben	
Er hat fundierte Kompetenz und ist gut vorbereitet.	
Er ist entscheidungsbefugt.	
Seine Funktion ist für das Thema notwendig.	
Er vertritt eine Gruppe von Mitarbeitern, die von den Inhalten betroffen sind.	

Kleiner Teilnehmerkreis

Halten Sie den Teilnehmerkreis so klein wie möglich. Jeder Teilnehmer im Meeting, der nicht notwendig ist, verlängert es unnötigerweise um 10 bis 30 Minuten! Denn seine Beiträge kosten Zeit, tragen aber nichts zum Ergebnis bei.

Überlegen Sie vor dem Meeting, wozu Sie jeden Teilnehmer benötigen: Brauchen Sie dessen Zustimmung, Mitarbeit oder Unterstützung? Falls Sie nicht sicher sind, dass der Teilnehmer diesen Beitrag leisten kann, dann besprechen Sie dies mit ihm vor dem Meeting.

4. Versenden Sie eine Agenda: Die Agenda ist der rote Faden für das Meeting, mit dem sich die Teilnehmer vorbereiten. Bei vielen Meetings benötigen Sie kein gesondertes Einladungsschreiben. Die Agenda ist mit wenigen Zusätzen dann gleichzeitig auch die Einladung.

Agenda griffig formulieren

Suchen Sie nach kurzen und knackigen Formulierungen für die Punkte der Agenda. Aus der Formulierung muss jeder erkennen können, worum es geht. Auf der Agenda machen die Punkte den Anfang, die dringlich sind, die weiteren werden dann nach ihrer Wichtigkeit sortiert. Beachten Sie jedoch, dass manchmal Punkte voneinander abhängig sind. Dann bestimmt die logische Reihenfolge die Reihenfolge der Agenda. Eine weitere Orientierung können Sie den Teilnehmern geben, wenn Sie die Punkte kategorisieren. Zum Beispiel ein „I" für Information, ein „E" für Entscheidungsfindung oder ein „B" für Brainstorming. Damit ist jedem Teilnehmer sofort klar: Bei Punkten, die mit I gekennzeichnet sind, sind nur Informationsfragen erlaubt, dagegen ist bei mit B gekennzeichneten Punkten ein Beitrag ausdrücklich gefordert.

Jeder Teilnehmer sollte seine Punkte oder Änderungen ebenfalls schon vor dem Meeting einbringen können. Deshalb liegt der optimale Termin für das Versenden etwa eine Woche vor **Ergänzungen vor Meeting** dem Meeting. Mit dem folgenden Satz machen Sie die Teilnehmer auf diese Möglichkeit aufmerksam: „Wenn Sie die Agenda ergänzen möchten, melden Sie sich bitte formlos bis einen Tag vor dem Meeting bei mir."

Die Effizienz eines Meetings entsteht auch durch eine gute Zeitplanung. Wenn die Gesamtdauer des Meetings kurz ist, dann arbeiten die Teilnehmer aktiver und konzentrierter. Die optimale Meetingdauer wird nach der folgenden Formel errechnet: 60 % für die Besprechung der Tagesordnungspunkte, 20 % für unvorhergesehene Themen und 20 % für soziale Aktivitäten wie Pausen und informellen Informationsaustausch.

Die Rahmenbedingungen wie der Raum, die Ausstattung mit **Rahmen-** Medien, die Bewirtung und die Besprechungsatmosphäre ent- **bedingungen** scheiden indirekt über den Verlauf des Meetings mit. Wenn **wichtig** sich Teilnehmer in einer Besprechung wohlfühlen, können sie sich viel besser auf das Thema und eine schwierige Diskussion einlassen.

Auf der CD finden Sie eine Checkliste für die Vorbereitung Ihrer Meetings.

Eine Struktur macht Meetings effizient

Kennen Sie diese Meetings? Der Leiter beginnt mit einem Thema und dann kommen die Teilnehmer vom Hölzchen aufs Stöckchen, ohne dass ein Problem gelöst oder eine Entscheidung gefallen wäre. Am Ende stellen dann alle fest: „Schön, dass wir miteinander geredet haben." Ein Meeting dieser Art verhindern Sie nur, wenn Sie ihm schon bei der Vorbereitung eine feste Struktur geben.

Jedes Meeting hat eine Grundstruktur (vgl. Abbildung 12). Sie ist unabhängig davon, welche Themen Sie im Meeting besprechen.

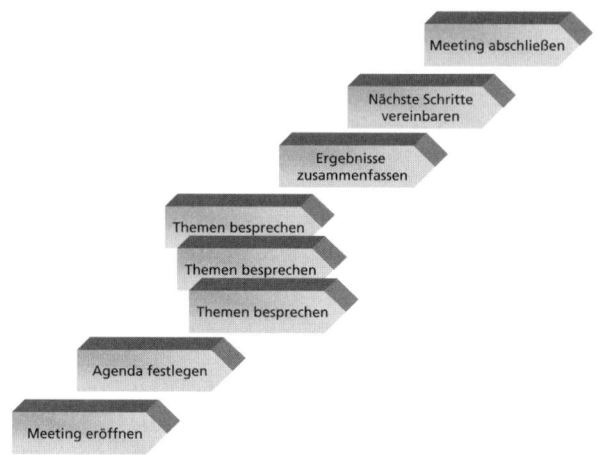

Abbildung 12: Eine klare Struktur hilft den Teilnehmern, ihre Beiträge zielgerichtet in das Meeting einzubringen.

Im Meeting werden nicht nur Sachthemen besprochen, sondern es schwingen auch immer die Emotionen der Teilnehmer mit. Als Leiter sorgen Sie auf der Sachebene dafür, dass die Themen besprochen werden, und auf der emotionalen Ebene, dass sich die Teilnehmer als Person in das Meeting einbringen. Zu jedem Meeting gehören deshalb ein Warming-up und ein Abschluss. Im Warming-up erläutern Sie das Ziel des Meetings und geben den Teilnehmern Gelegenheit, ihre Erwartungen zu formulieren. Ihr Ziel und die Erwartungen der Teilnehmer müssen übereinstimmen. Je früher Sie hier Unterschiede feststellen, umso besser können Sie diese besprechen.

Starten Sie mit einem Warming-up

Die Teilnehmer Ihres Meetings sind in den ersten Minuten zwar physisch anwesend, aber geistig oft noch bei ihrer vorhergehenden Tätigkeit, bei einem wichtigen Telefonat oder überlegen, was noch alles zu tun ist. Bevor Sie mit den Punkten auf der Agenda starten können, müssen die Teilnehmer erst einmal den Kopf dafür freibekommen. Dies erreichen Sie durch ein Warming-up.

Begrüßung Mit der Begrüßung startet das Meeting und hier sollten Sie auch den Anlass und das Ziel des Meetings nochmals verdeutlichen. Sie können gleich auch neue Teilnehmer begrüßen oder eine Vorstellungsrunde einbauen, falls sich die Teilnehmer noch nicht kennen. Auf jeden Fall sollten Sie das Meeting immer mit einer Frage starten, die alle beantworten sollten. Beispiele für solche Fragen sind: „Welche Erwartung haben Sie an das heutige Meeting?", „Welche Ergänzungen zur Agenda haben Sie?" Dies gibt jedem Teilnehmer die Möglichkeit, etwas zu sagen, und Sie haben Gelegenheit, die Erwartungen der Teilnehmer mit Ihrem Ziel abzugleichen.

Erst dann, wenn Sie das Gefühl haben, dass alle Teilnehmer dem Meeting ihre volle Aufmerksamkeit widmen, starten Sie mit den Sachthemen.

Stecken Sie den Rahmen ab

Zum Rahmen des Meetings gehören zwei Dinge:

- die Punkte, die besprochen werden müssen, und
- die Regeln, wie diese besprochen werden.

Wie das Meeting verläuft, hängt vor allem von den Regeln ab, die Sie vorgeben.

So können Regeln für ein Meeting aussehen:

- Jeder, der möchte, kommt zu Wort.
- Es spricht immer nur einer. Jeder darf ausreden.
- Wir unterbrechen andere nicht.
- Wir bleiben sachlich.
- Die Reihenfolge der Wortmeldungen zählt.
- Die Wortbeiträge sind kurz und bringen den Sachverhalt auf den Punkt.
- Wir führen keine Privatgespräche und die Handys sind ausgeschaltet.

> **Tipp: Lassen Sie die Teilnehmer Regeln erarbeiten**
> Bei einem Jour Fixe, bei Teammeetings und Statusbesprechungen treffen sich immer dieselben Teilnehmer. Die Akzeptanz der Meetingregeln ist hier größer, wenn die Regeln durch die Teilnehmer selbst erarbeitet werden.

Nachdem Sie sich mit den Teilnehmern über das Ziel und die Art und Weise, wie Sie das Meeting durchführen wollen, verständigt haben, besprechen Sie mit ihnen die Agenda. Damit entwickeln Sie und Ihre Teilnehmer ein gleiches Bild vom Verlauf des Meetings. Nutzen Sie die Besprechung der Agenda auch dazu, sich mit den Teilnehmern über die Zeitdauer für jeden Punkt zu verständigen.

Besprechung der Agenda

Auf diese Absprache können Sie dann zurückkommen, wenn bei einem Punkt die Zeit aus dem Ruder läuft.

Gehen Sie Punkt für Punkt durch die Agenda

Besprechung der einzelnen Punkte
Jetzt können Sie mit der Bearbeitung der Punkte starten. Nacheinander besprechen Sie jeden Punkt der Agenda. Wie Sie dies tun, wird im Wesentlichen durch die Art der zu besprechenden Punkte bestimmt. Jedoch sollten bei jedem Punkt folgende Schritte eingehalten werden:

- Stellen Sie als Besprechungsleiter jeden Punkt vor. Erläutern Sie, warum er auf der Agenda steht und welches Ergebnis erreicht werden soll.

- Wählen Sie eine geeignete Besprechungsmethode. Dies kann eine Präsentation sein, ein Brainstorming, die Erstellung einer Liste mit Alternativen oder ein Entscheidungsprozess.

- Fassen Sie das Ergebnis zusammen und visualisieren Sie es für alle sichtbar. Stellen Sie sicher, dass es von allen Teilnehmern mitgetragen wird. Hier kann die Regel „Schweigen ist Zustimmung" gelten oder aber auch eine explizite Abstimmung durchgeführt werden. Auf jeden Fall ist das Ergebnis immer ein Beschluss im Meeting, an den alle Teilnehmer gebunden sind. Legen Sie fest, was wer bis wann zu dem besprochenen Punkt nach dem Meeting tun muss.

Kein Punkt ohne Ergebnis
Kein Punkt darf ohne Ergebnis bleiben, denn Besprechungen sind nicht dazu da, dass man sich unterhält, sondern um Arbeitsprozesse voranzutreiben. Auch dann, wenn es noch kein endgültiges Ergebnis gibt, muss das Erreichte festgehalten werden, damit Sie nicht bei der Folgebesprechung wieder bei null anfangen. Zu jedem besprochenen Punkt halten Sie fest,

- was getan werden soll,

- wer es tut und

- bis wann es erledigt sein muss.

Nur so haben Sie die Chance, die vereinbarten Punkte auch zu verfolgen. Danach gehen Sie zum nächsten Punkt in der Agenda über, den Sie in gleicher Weise besprechen.

Schließen Sie das Meeting mit einer Feedbackrunde

Ich rate, ein Meeting immer mit einer kurzen Feedbackrunde abzuschließen. Dies gibt jedem Teilnehmer die Gelegenheit, seine persönliche Zufriedenheit, aber auch Unzufriedenheit mit dem Meeting zu äußern. Durch diese Feedbackrunde wird sichtbar, wie groß die Akzeptanz für die Beschlüsse ist. Nur dann, wenn die Teilnehmer mit dem Ergebnis und der Art und Weise, wie das Ergebnis zustande kam, zufrieden sind, können Sie sicher sein, dass sie motiviert sind, die vereinbarten Schritte umzusetzen. Eine Feedbackrunde ist auch immer die Gelegenheit, aus dem Meeting zu lernen und den eigenen Meetingstil immer weiter zu verbessern.

Akzeptanz sichtbar machen

Die Leitung fordert Ihre soziale Kompetenz

Hindernisse, Konflikte und Tabus sind Punkte, die den Erfolg eines Meetings verhindern können. Sie werden diese nur zum Teil vor der Besprechung ausräumen können. Wenn Sie jedoch Ihren Blick dafür schon vor dem Meeting schärfen, können Sie besser reagieren.

Steuern Sie Ihre Meetings ganz bewusst

Wenn Sie eine Besprechung leiten, dann hängt deren Verlauf von Ihrer Fähigkeit ab, an jeder Stelle des Meetings die Situation zu analysieren und Wege für den weiteren Diskussionsverlauf anzubieten. Behalten Sie dabei die folgenden drei Aspekte immer im Auge: das Thema, den Verlauf und die Teilnehmer.

Der Inhalt eines Meetings wird durch die Diskussion der Teilnehmer bestimmt. Jedoch geben Sie als Meetingleiter den Rahmen vor. Machen Sie bei einem Punkt der Agenda, bei dem über etwas informiert wird, dies auch durch Ihre Einleitung deutlich: „Liebe Kollegen, dieser Punkt ist zur reinen Information gedacht. Bitte stellen Sie dazu nur Verständnisfragen." Wollen Sie jedoch eine Entscheidung herbeiführen, dann sagen Sie dies auch in der Einführung zu dem Punkt: „Bei diesem Tagesordnungspunkt müssen wir eine Entscheidung treffen. Bitte bringen Sie hier alle Punkte und Informationen vor, die für eine gute Entscheidung notwendig sind."

Einleitung bestimmt Diskussion

Meetings leben davon, dass Informationen weitergegeben, Meinungen ausgetauscht und Entscheidungen gefällt werden. Dies funktioniert umso besser, je mehr jeder einzelne Teilnehmer sich mit seiner Meinung, aber auch mit seinen Emotionen in die Diskus-

Aktivieren Sie die Teilnehmer

117

sion einbringen kann. Nutzen Sie die Chance, die Teammitglieder durch Fragen zu einer aktiven Beteiligung anzuregen. Dazu zählen nicht nur allgemeine Fragen, die Sie in die Runde geben, sondern auch Fragen, die Sie direkt an einen Teilnehmer richten, oder Nachfragen, wenn ein Punkt nicht klar geworden ist.

Zusammenfassungen bringen voran Als Leiter fokussieren Sie die Diskussion. Das wichtigste Mittel hierzu sind Zusammenfassungen. Sie bringen die Aussagen der Teilnehmer auf den Punkt, heben wichtige Aspekte hervor und sind der Ausgangspunkt für die nächsten Wortbeiträge. Durch das Zusammenspiel von Fragen und Zusammenfassungen treiben Sie die Diskussion voran.

> **Tipp: Visualisieren Sie so viel wie möglich**
> Visualisieren Sie so viel wie möglich. Eine gute Visualisierung der Besprechungsergebnisse schon während des Meetings hilft den Teilnehmern, die wichtigsten Punkte immer präsent zu haben. Dadurch werden nicht nur die besprochenen Themen festgehalten, sondern auch schon zusammengefasst, systematisiert und für das Gedächtnis aufbereitet.

Die Agenda bestimmt die Struktur des Meetings. Während der Besprechung müssen Sie darauf achten, dass diese Struktur eingehalten wird. Ein wichtiger Punkt dabei ist die Zeit. Die Teilnehmer haben die Zeit meist nicht im Blick. Falls die Zeit nicht ausreicht, das Thema in aller Tiefe zu besprechen, sollten Sie mit den Teilnehmern entweder eine Verlängerung vereinbaren oder den Punkt vertagen.

Beobachten Sie die Teilnehmer Achten Sie im Meeting immer darauf, dass die Teilnehmer innerlich beteiligt sind. Dies stellen Sie an deren Blicken fest. Verfolgen die Teilnehmer die Beiträge der anderen Teilnehmer mit ihren Blicken und signalisieren durch ihre Körperhaltung Zustimmung oder Ablehnung, dann sind sie voll mit ihren Gedanken bei der Besprechung. Zielloses Umherblicken, Blättern in den Unterlagen und Zurückhaltung bei den Wortbeiträgen sind dagegen Zeichen, dass die Teilnehmer nicht bei der Sache sind. Fördern Sie die Aktivität der Teilnehmer, indem Sie diese direkt ansprechen oder Fragen stellen.

 Auf der CD finden Sie Techniken für die Aktivierung von Teilnehmern in Meetings.

Wenn Sie merken, dass das Meeting nicht so läuft wie geplant, dann holen Sie sich von den Teilnehmern ein Feedback ein. Unterbrechen Sie die Sachdiskussion. Nutzen Sie dazu vielleicht eine kleine Pause und fragen

Sie die Teilnehmer danach: „Wie ist nach Ihrem Eindruck das Meeting bisher verlaufen?" oder „Was können wir tun, um schneller zu Ergebnissen zu kommen?".

Jeder Teilnehmer nimmt von einem Meeting nur das mit, was er behält oder in seinen persönlichen Notizen festgehalten hat. Dies ist immer seine subjektive Wahrnehmung. Die Ergebnisse sind jedoch immer eine gemeinsame Vereinbarung unter allen Teilnehmern, die nur in einem Protokoll objektiv festgehalten werden können. Das Protokoll ist die verbindliche Arbeitsgrundlage für alle Aktivitäten nach dem Meeting.

Protokoll als Arbeitsgrundlage

> **Tipp: Protokoll während des Meetings erstellen**
> Schreiben Sie das Protokoll auf einem Notebook. Diese Mitschrift kann dann während oder am Ende des Meetings mit einem Beamer projiziert werden. Auf diese Weise wird schon während des Meetings ein abgestimmtes Protokoll erstellt.

Nutzen Sie Moderationstechniken für Ihre Besprechungen

Die Grenze zwischen einem Workshop und einer Besprechung ist, wie oben bereits erwähnt, fließend. Viele Themen, die in einem Meeting behandelt werden, können mithilfe der Moderationstechniken sehr gut besprochen werden. Dies macht Ihre Besprechungen interaktiver, denn durch den Einsatz von Moderationstechniken beziehen Sie die Teilnehmer aktiv in die Besprechung ein. Hier sind einige Ideen, an welcher Stelle Sie Moderationstechniken in einer Besprechung verwenden können.

Interaktivität durch Moderation

Gruppenspiegel: Er ist eine gute Methode für Meetings, bei denen sich die Teilnehmer nicht kennen, sich aber ausführlich vorstellen sollen.

Fragen- und Problemspeicher: Sie eignen sich für Meetings, in denen viel diskutiert wird. Mit ihnen können Sie Fragen und Probleme für alle Teilnehmer sichtbar machen.

Mehrpunktfrage: Damit kann eine Entscheidung in einem Meeting vorbereitet werden. Durch die Mehrpunktfrage wird die Gewichtung der Alternativen deutlich.

Blitzlicht: Durch ein Blitzlicht machen Sie Störungen im Workshop transparent.

Einpunktfrage: Sie ist ein guter Einstieg in eine Feedbackrunde nach dem Meeting.

Es gibt keine Regeln für den Einsatz von Moderationstechniken in Besprechungen. Setzen Sie die Technik ein, die Ihnen in einer Situation in der Besprechung hilft, die zu diskutierenden Themen besser und intensiver zu besprechen.

Die Nachbereitung hilft, Ergebnisse umzusetzen

Zusammenspiel von Protokoll und Feedback
Die Ergebnisse von Meetings, die Sie nicht nachbereiten, werden von den Teilnehmern schnell vergessen. Und dies ist kein böser Wille. Sie eilen zum nächsten Meeting, haben ein wichtiges Telefongespräch oder müssen sich wieder in ihre Arbeit vertiefen. Alles, was sachlich besprochen, und alle Erfahrungen, die mit der Art und Weise, wie das Meeting verlaufen ist, gemacht wurden, müssen aufbewahrt werden. Für das Erste gibt es das Protokoll und für das Zweite das Feedback.

 Eine Vorlage für ein Protokoll finden Sie auf der CD.

Protokoll zeitnah verteilen
Verteilen Sie das Protokoll zeitnah. Damit erreichen Sie, dass die Teilnehmer die vereinbarten Aufgaben sofort in ihre eigene Aufgabenplanung aufnehmen. Dies ist auch ein Mittel, um die Zahl der Teilnehmer im Meeting zu reduzieren – denn auf diese Weise können Sie Betroffene sofort informieren, die nicht unbedingt anwesend sein müssen.

Aus der Besprechung lernen
Ein guter Besprechungsleiter lernt nie aus. In der Besprechung haben Sie Feedback von den Teilnehmern erhalten. Sie wünschen sich in diesem oder jenem Punkt eine Veränderung. Sie selbst haben vielleicht gemerkt, dass etwas nicht so gut lief, oder es lief anders, als Sie es sich vorgestellt haben. Nutzen Sie diese Impulse, um nach Punkten zu suchen, die Sie verändern können.

 Auf der CD finden Sie eine Zusammenstellung von Fragen, mit denen Sie die Qualität Ihrer Meetings überprüfen können.

Tipp: Feedbackkultur etablieren

Etablieren Sie in Meetings, die Sie immer wieder durchführen, eine Feedbackkultur. Dies ist die beste Möglichkeit, die Meetingeffizienz zu steigern. Sie lernen durch ein regelmäßiges Feedback nicht nur durch Ihre Fehler, sondern Sie entwickeln mit Ihren Kollegen darüber hinaus eine gemeinsame Kultur. So werden dann für alle mit der Zeit viele Dinge selbstverständlich und müssen nicht immer wieder von Neuem vereinbart werden.

Meeting spezial: Telefonkonferenzen

„Piep – Herzlich willkommen zu Ihrer Konferenz." So oder ähnlich begrüßt Sie der Sprachcomputer, wenn Sie an einer Telefonkonferenz teilnehmen. Seit Jahren boomen Telefonkonferenzen. Und dies hat zwei Gründe: Erstens können damit die Kosten für Präsenzmeetings gesenkt werden und zweitens ist in über verschiedene Orte verteilten Organisationen die Telefonkonferenz die einzige Möglichkeit, etwas zu besprechen.

Ihnen und den Teilnehmern bleiben bei einer Telefonkonferenz die Mimik und Gestik der anderen verborgen. Das Telefon wirkt wie ein Filter. Von den übermittelten Nachrichtenpaketen wird nur noch die Sprache durchgelassen und dies auch nur sehr eingeschränkt. Trotz modernster Technik beschränkt das Telefon die Bandbreite der übertragenen Sprache. Bei Handys ist die Einschränkung noch größer als bei einem Festnetzanschluss. Hinzu kommen Störgeräusche der Umgebung: Teilnehmer telefonieren aus einem Büro, in dem sie nicht allein sind, vom Auto oder Flughafen aus. All diese Faktoren erschweren die Verständigung in einer Telefonkonferenz.

Telefon filtert

Die Kommunikation über das Telefon erfordert von allen Teilnehmern große Disziplin – vor allem in ihrer Sprechweise. Generell gilt: Sprechen Sie in einer Telefonkonferenz deutlicher und langsamer, als Sie es in einem Präsenzmeeting tun würden. Damit gleichen Sie einen Teil der reduzierten Sprachqualität aus.

Deutlich und langsam sprechen

Der Besprechungsleiter muss viele Dinge, die in einem Meeting visuell übermittelt werden, durch Kommentare verdeutlichen. Dies beginnt damit, dass er jeden einzelnen Teilnehmer begrüßt und jedes Mal, wenn sich ein neuer Teilnehmer hinzuschaltet, sagt, wer bereits in der Telefonkonferenz ist. Auf diese Weise wird „sichtbar", wer dabei ist. Teilnehmer können nur an der Stimme erkennen, wer spricht. Geben Sie allen Gelegenheit, etwas zu Beginn der Konferenz zu sagen. So können Sie prüfen, ob der Teilnehmer gut zu verstehen ist. Falls der Teilnehmer zu leise ist, bitten Sie ihn, näher an das Mikrofon zu kommen. Bitten Sie jeden Teilnehmer, vor seinem Wortbeitrag seinen Namen zu nennen. Erst dann, wenn sich alle an der Stimme erkennen, kann dies wegfallen. Dazu kann auch jeder Teilnehmer selbst die Initiative ergreifen und den Wechsel z. B. so ankündigen: „Ich habe mich jetzt schon oft zu Wort gemeldet. Ich nehme an, dass jetzt alle meine Stimme kennen."

Kommentare ersetzen Visuelles

Sie sehen in einer Telefonkonferenz nicht, wenn sich ein Teilnehmer zu Wort melden will. Wenn Sie eine Telefonkonferenz leiten, dann fragen Sie immer ausdrücklich nach Wortmeldungen und warten dann einige Sekunden, bis sich Teilnehmer melden. In

Nach Wortmeldungen fragen

der Telefonkonferenz fehlt der Blickkontakt. Diesen müssen Sie dadurch ersetzen, dass Sie die Teilnehmer immer mit Namen ansprechen, wenn Sie sich direkt auf einen Beitrag dieses Teilnehmers beziehen.

Da die Teilnehmer sich nicht sehen, merken sie auch nicht, wenn zwei gleichzeitig beginnen zu reden. Bei Punkten, bei denen Sie mehrere Wortmeldungen erwarten, fragen Sie immer nach den Wortmeldungen und geben dann jedem einzelnen Teilnehmer das Wort.

Wiederholung statt Visualisierung Wiederholen Sie Zwischenstände der Diskussion. Dies hat die gleiche Funktion wie eine Visualisierung in einem Meeting. Für alle Teilnehmer wird das Erreichte nochmals deutlich hörbar gemacht. Vergegenwärtigen Sie sich immer, was Sie und die anderen Teilnehmer im Gegensatz zu einem Präsenzmeeting alles nicht sehen. Ihre Aufgabe als Leiter einer Telefonkonferenz ist es, dies in Worte umzusetzen, um es so für alle präsent zu machen.

Eine Telefonkonferenz muss jedoch nicht ohne Visualisierung auskommen. Eine Möglichkeit ist, dass Sie alle Unterlagen vorher an die Teilnehmer versenden. Während der Konferenz können die Teilnehmer dann die Unterlagen einsehen. Im Gegensatz zum Präsenzmeeting sehen die Teilnehmer aber nicht, auf welchen Teil der Unterlagen Sie sich beziehen. Jedes Mal, wenn Sie einen bestimmten Teil der Unterlagen erläutern, müssen Sie diesen eindeutig benennen. Es reicht nicht, wenn Sie sagen: „Jetzt sehen wir uns die nächste Chart an." Erst wenn Sie sagen: „Jetzt sehen wir uns die Chart Nr. 3 an", können Sie sicher sein, dass alle das Gleiche vor Augen haben.

Tipp: Nutzen Sie hilfreiche Software

Nutzen Sie Programme wie Netmeeting, wenn in einer Telefonkonferenz viele Unterlagen gezeigt werden müssen. Hier wählt sich jeder Teilnehmer über seinen PC ein. Das Programm schaltet dann die Bildschirme aller Teilnehmer zusammen. Auf diese Weise können Sie auch während der Telefonkonferenz die Unterlagen zeigen oder auch Punkte wie auf einer Flipchart notieren. Voraussetzung ist jedoch, dass alle Teilnehmer an ihrem PC sitzen, die Technik reibungslos funktioniert und alle die Software problemlos bedienen können.

Zusammenfassung

Ihre Kompetenz als Besprechungsleiter:

- Achten Sie darauf, dass die Richtigen am Meeting teilnehmen, denn die Expertise der Teilnehmer bestimmt das Ergebnis.

- Fragen Sie Erwartungen ab und bringen Sie diese mit Ihrem Meetingziel in Übereinstimmung. Nur wenn alle das gleiche Ziel verfolgen, können gute Ergebnisse erzielt werden.

- Steuern Sie den Prozess durch Fragen und Zusammenfassungen. Damit rücken Sie die Punkte in den Vordergrund, die wichtig sind.

- Aktivieren Sie zurückhaltende Teilnehmer und bringen Sie Vielredner dazu, sich kurz zu fassen. Nur so wird die Expertise aller Teilnehmer richtig genutzt.

- Fragen Sie nach, wenn Dinge unklar sind. Dies tun Sie nicht nur für sich, sondern stellvertretend auch für die Teilnehmer.

- Sprechen Sie Störungen an. So erreichen Sie, dass sich die Teilnehmer wieder auf das Thema konzentrieren.

- Verbessern Sie Ihre Meetingkultur. Feedbackrunden am Ende von Meetings sind dazu gut geeignet.

Konflikte: Wenn aus Interessengegensätzen ein handfester Streit wird

Der Stärkere ist als solcher noch lange nicht der Bessere.
(Carl Jakob Burckhardt)

Wenn Menschen sich in Wortgefechte verstricken, schreien, schlagen, weinen oder sich innerlich zurückziehen, dann sind dies die Zeichen für einen Konflikt. Es sind die Folgeerscheinungen des Zusammenpralls unterschiedlicher Interessen, die beide Parteien mit sehr hohem inneren Engagement verfolgen. Wut, Aggression, aber auch Angst und Enttäuschung zeigen, dass eine rationale Auseinandersetzung nicht möglich scheint.

Konflikte haben immer eine sachliche und eine emotionale Seite. Auf der sachlichen Seite haben die Konfliktparteien widerstreitende Interessen. Auf der emotionalen Seite wird die Wahrnehmung durch Wut und „Angstlogik" bestimmt.

Auf der Sachebene prallen zwei oder mehr Parteien mit ihren Interessen aufeinander. Weder die eine noch die andere Partei will dabei nachgeben. Dabei haben alle Beteiligten auf irgendeine Weise recht. Aber ihre Positionen stehen sich unversöhnlich gegenüber und sind aus der Sicht der jeweiligen Konfliktparteien unvereinbar. Ein Konflikt ist nur lösbar, wenn entweder eine der beiden Parteien oder beide von ihrer Position abrücken.   Sachebene

Emotionale Ebene Auf der emotionalen Ebene erzeugen Konflikte Angst, wenn wir uns nicht stark genug fühlen, den Konflikt durchzustehen, oder Wut und Aggression, mit der wir dem Konfliktgegner unsere Grenzen aufzeigen. Wut und Aggression führen dazu, dass wir am anderen nur noch die Dinge wahrnehmen, die uns stören. Bei unserem Konfliktgegner ist dies aber genauso. Das Paradox bei einem Konflikt ist, dass unsere Emotionen gerade dann den Blick auf eine Lösung versperren, wenn wir diesen am dringendsten benötigen.

In diesem Kapitel erhalten Sie Antworten auf folgende Fragen:

- Was ist ein Konflikt?
- Welche Strategien gibt es, Konflikte zu lösen?
- Wie kann ich bei Konflikten kommunizieren und reagieren?

Nicht jeder Streit ist ein Konflikt

Bei Konflikten wird gestritten, aber wenn man sich streitet, ist es noch lange kein Konflikt. Ein Streit ist erst dann ein Konflikt, wenn die sich Streitenden vollkommen unterschiedliche Interessen haben und jeder seine Interessen mit Macht durchsetzen will.

Verkettung der Parteien durch Konflikt Die Dramatik der Konflikte entsteht dadurch, dass jede Partei die andere als Bedrohung empfindet. Keine Partei kann sich vom Konflikt distanzieren. Allein dadurch, dass eine Partei ihre Interessen durchsetzen will, zwingt sie die andere, sich damit zu beschäftigen. Die Konfliktparteien sind sozusagen durch den Konflikt unsichtbar miteinander verkettet.

Ein Konflikt wird in diesem Fall nur dann gelöst, wenn die widerstreitenden Interessen überwunden werden. Die Lösung wird erst durch die Auseinandersetzung gefunden.

Merksatz: Merkmale eines Konflikts

- Die Parteien sind voneinander abhängig.
- Sie müssen miteinander kommunizieren, um den Konflikt zu lösen.
- Beide Parteien machen sich gegenseitig dafür verantwortlich, dass der Konflikt nicht gelöst wird.
- Mindestens eine Partei empfindet die Situation als Beeinträchtigung, Behinderung, Blockade oder Widerstand.

Konflikte ängstigen uns deshalb, weil wir keine Lösung für den Ausgang des Konflikts kennen, ja noch nicht einmal wissen, ob es überhaupt eine Lösung gibt. Es gibt viele Situationen, in denen sich Menschen heftig streiten. Aber dies muss kein Konflikt sein. In Tabelle 2 sind solche Situationen zusammengestellt.

Situation	Beschreibung	Lösung
Meinungsverschiedenheit	Heftiger Streit um ein Thema, bei dem die Parteien konträre Meinungen haben. Der Streit hört aber sofort auf, wenn die Parteien auseinandergehen.	Jeder kann bei seinem Standpunkt bleiben, ohne dass es den anderen stört. Wenn die Parteien auseinandergehen, hört der Streit sofort auf.
Spannung	Der Gegensatz wird von den Parteien subjektiv empfunden, ist jedoch objektiv nicht vorhanden. Die Gefühle der Parteien werden von einer Vermutung geleitet.	Die Spannung löst sich sofort auf, wenn sich der vermutete Gegensatz nicht bestätigt.
Zwischenfall	Ein Zwischenfall liegt vor, wenn zwei Menschen in einer Menschenmenge zusammenstoßen. Der Zwischenfall ist von beiden Parteien nicht gewollt und keine Partei will die ungewollte Handlung fortsetzen.	Ein Zwischenfall ist immer nur von kurzer Dauer und hört schnell von allein auf.
Pannen	Pannen entstehen dadurch, dass es unterschiedliche Auffassungen über einen Sachverhalt gibt, der jedoch eindeutig durch eine Regel oder Vorschrift gelöst ist.	Mit dem Blick in die Regel oder Vorschrift hört der Streit auf.

Tabelle 2: Nicht jeder Streit ist ein Konflikt.

So erkennen Sie einen Konflikt:

- Einer Konfliktpartei platzt der Kragen. Sie wird aggressiv und sagt uns, was sie stört.

- Der normale Arbeitsablauf ist unterbrochen. Konflikte sind Störungen und verhindern, dass etwas wie gewohnt ablaufen kann.
- Die Beteiligten haben Angst oder sind aggressiv. Konflikte berühren Menschen in ihrem Innersten und setzen deshalb Emotionen frei.
- Eine Partei setzt die jeweils andere ins Unrecht.
- Es gibt einen objektiv erkennbaren Interessengegensatz. Konfliktparteien streiten nur, wenn es dafür einen Grund gibt.
- Es kommt zur Eskalation: Jede Handlung im Konflikt wird immer wieder der Auslöser für einen neuen Streit.

Sechs Strategien führen zur Konfliktlösung

Konflikte gibt es seit dem Beginn der Menschheitsgeschichte. Generationen von Menschen haben Konflikte ausgetragen. Die Dramen und Tragödien in der Literatur sind Beispiele für Konflikte und Beispiele dafür, wie diese gelöst werden oder aber auch ins Verderben führen. Erstaunlicherweise gibt es bei aller Vielfalt der Konflikte nur sechs Strategien, um sie zu lösen.

Nur gemeinsam zur Konfliktlösung
Alle Konfliktlösungsstrategien haben nur ein Ziel: Jede Konfliktpartei will erreichen, dass der Konflikt nicht mehr besteht. Keine der Parteien kann dabei die Lösung allein finden. Daraus ergibt sich ein weiteres Paradox im Konflikt: Das, was den Konflikt auslöst, trennt die Konfliktparteien – eine Lösung des Konflikts können beide jedoch nur gemeinsam finden.

Durchsetzung vs. Rücksicht
Abbildung 13 stellt diese Grundmuster unter zwei unterschiedlichen Dimensionen dar. Die eine Dimension bildet die Durchsetzungsfähigkeit, die andere die Rücksicht auf den Konfliktgegner. Die ideale Lösung ist eine, bei der sich beide Parteien durchsetzen, aber gleichzeitig die größte Rücksicht auf die jeweils andere nehmen.

Flucht: Eine Konfliktpartei wird von einer anderen angegriffen. Die Reaktion darauf ist bei jedem Menschen fest eingeprägt. Die erste Reaktion auf jeden Angriff ist Flucht. Sie wird durch Angst ausgelöst. Diese ist größer als der Druck, den Konflikt zu lösen. Im Alltag fliehen wir vor Konflikten, indem wir sie leugnen, vor ihnen davonlaufen oder sie unter den Teppich kehren. Die Flucht ist jedoch keine wirkliche Lösung, denn der Interessengegensatz bleibt bestehen, man geht nur der Auseinandersetzung darüber aus dem Weg.

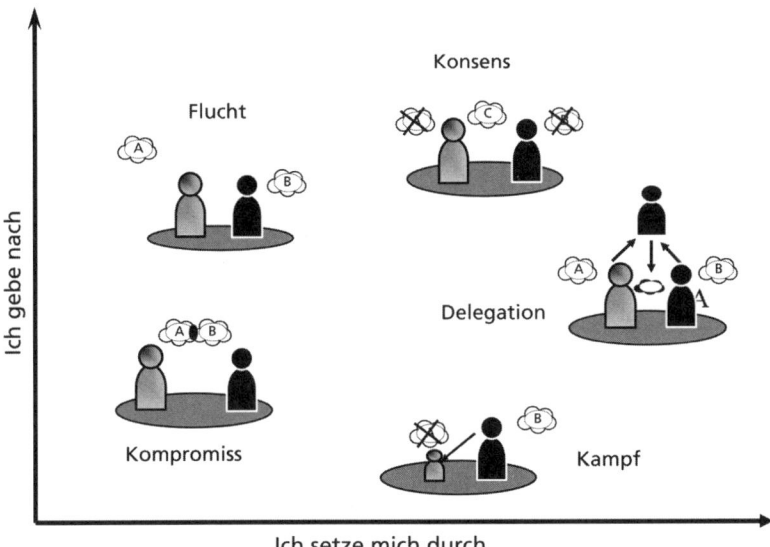

Abbildung 13: Durchsetzung des eigenen Standpunkts und Rücksichtnahme auf die andere Konfliktpartei bestimmen die Wahl der Strategie.

Der Vorteil: Sie ist rasch, einfach und schmerzlos. Da der Konflikt nicht wirklich gelöst wurde, gibt es auch keinen Verlierer.

Der Nachteil: Der Konflikt wird nicht gelöst. Beide verlieren. Der Fliehende räumt das Feld, der Bleibende kann den Konflikt nicht lösen.

Kampf: Der Kampf ist das Gegenteil der Flucht. Die Flucht wird durch Angst ausgelöst, der Kampf durch Aggression. Vernichtung Überwiegt die Aggression über die Angst, dann rennt der Angegriffene nicht weg, sondern geht auf den Gegner los. Jeder hat dabei nur ein Ziel: Er will den Konflikt für sich entscheiden. Kampf ist nur möglich, wenn beide Parteien aggressiv sind. Dazu stacheln sie sich vor dem Angriff gegenseitig so an, dass nur die Vernichtung des Gegners oder dessen Unterwerfung als Lösung möglich ist. Ob Vernichtung oder Unterwerfung, das Ergebnis ist in beiden Fällen gleich: Eine Partei setzt sich mit allen ihren Interessen durch. Am Ende des Kampfes ist der Gegner vernichtet oder unterworfen.

Im Arbeitsalltag wird der Gegner bei einer Vernichtung nicht gleich umgebracht. Die modernen Formen der Vernichtung sind: abstempeln, zum Sündenbock machen, auf ein Abstellgleis stellen oder aus dem Projekt, der Arbeitsgruppe oder der Abteilung drängen. Damit ist der Konflikt endgültig gelöst.

Der Vorteil: Vernichtung ist eine einmalige und gründliche Dauerlösung. Das Ergebnis ist unkompliziert, denn die Lösung einer Konfliktpartei setzt sich durch.

Der Nachteil: Die Lösung ist auch nicht mehr korrigierbar. Sie ist inhuman und verbreitet Schrecken.

Unterworfener muss Lösung übernehmen

Gelingt es einer Partei, die andere zu unterwerfen, dann muss die unterworfene die Lösung des Unterwerfers übernehmen. Dies ist immer der Fall, wenn die unterlegene Partei überredet, bestochen, manipuliert oder bedroht wird. Abstimmungen sind auch eine Form der Unterwerfung. Die Mehrheit unterwirft die Minderheit und zwingt sie, deren Lösung zu übernehmen.

Der Vorteil: Die gefundene Lösung gibt beiden Parteien Sicherheit. Es wird schnell klar, wer was darf und wer was nicht darf.

Der Nachteil: Prinzipiell wird keine dauerhafte Lösung gefunden, denn der Unterworfene wird immer danach streben, das Verhältnis umzukehren, und der Unterwerfer muss stets Energie dafür aufwenden, das Verhältnis von Unterwerfenden und Unterworfenem aufrechtzuerhalten. Daraus können immer wieder neue Konflikte entstehen, da keine die Interessen beider Parteien berücksichtigende Lösung gefunden wird.

Delegation: Salomonische Urteile sind das Musterbeispiel für eine Konfliktlösung durch Delegation. Sind zwei Parteien im Streit, dann einigen sie sich auf eine dritte Partei, die für sie den Konflikt löst. Beispiele dafür sind Lehrer, Richter, Vorgesetzte oder Gutachter. Beide Parteien unterwerfen sich dann der von einer neutralen Stelle gefundenen Lösung.

Dritte Partei muss Lösung finden

Diese Strategie steht und fällt damit, ob die dritte Partei tatsächlich eine Lösung finden kann und dass die Konfliktparteien sich dann auch dieser Lösung unterwerfen. Das beste Beispiel für eine Konfliktlösung durch Delegation ist unser Rechtssystem. Konflikte werden durch einen Richterspruch gelöst. An diesen sind dann beide Parteien gebunden. Ein anderes Beispiel sind Schiedsverfahren in Tarifkonflikten. Beide Parteien einigen sich auf einen Unterhändler, der für sie eine Lösung für den Konflikt findet.

Der Vorteil: Es gibt weder einen Sieger noch einen Verlierer. Solange die neutrale Instanz anerkannt wird, ist es eine sichere, verbindliche Lösung.

Der Nachteil: Es dauert lange, bis die Lösung gefunden ist, denn die dritte Partei muss den Streitpunkt erst verstehen und sich in die Situation hineinversetzen.

Kompromiss: Die Strategie der Konfliktlösung durch einen Kompromiss setzt voraus, dass die Emotionen der Konfliktparteien bereits abgekühlt sind und sie den Konflikt aus einer sachlichen Perspektive betrachten können. Kompromisse kommen in der Regel durch Verhandlungen zustande. Dabei einigen sich beide Parteien auf eine Lösung, bei der jede etwas von ihrer Position aufgeben muss.

Der Vorteil: Ist eine für beide Seiten tragbare Lösung gefunden, ist der Konflikt auf konstruktive Weise beigelegt.

Der Nachteil: Teile des Konflikts werden ausgeklammert. Je größer der Bereich ist, innerhalb dessen die Parteien eine Einigung erzielt haben, desto besser ist die Konfliktlösung.

Konsens: Der Konsens ist die Quadratur des Kreises. Denn bei ihm setzen sich beide Parteien durch und nehmen gleichzeitig Rücksicht auf den anderen. Beide finden sich mit ihren Interessen in der Lösung des Konflikts wieder. Der Konsens ist auf den ersten Blick die erstrebenswerteste Lösung, jedoch liegt er nicht auf der Hand und wird mit einem langen Lösungsprozess erkauft.

Ein Konsens muss dann gefunden werden, wenn ein Kompromiss nicht möglich ist. Solche Interessengegensätze nennt man aporetisch. Ein typisches Beispiel eines solchen aporetischen Konflikts sind maßgeschneiderte Produkte versus Massenware. Erstere lassen sich gut verkaufen und Letztere kostengünstig produzieren. Ein solcher Konflikt kann dann auftreten, wenn der Vertrieb nur maßgeschneiderte Produkte verkaufen, die Produktion aber aufgrund der Kostensituation nur Massenware liefern kann. Dieser Interessengegensatz tritt dann als Konflikt zwischen Vertrieb und Produktion zutage.

Aporetischer Konflikt

Die Lösung ist nur möglich, wenn es gelingt, ein Produktionsverfahren zu finden, das kostengünstig ist, gleichzeitig aber Produkte liefert, die auf die individuellen Bedürfnisse der Kunden zugeschnitten werden können. Die Lösung dieses Konflikts ist zum Beispiel die Modulfertigung.

Der Vorteil: Die Interessen beider Parteien werden gewahrt.

Der Nachteil: Die Lösung ist langwierig.

Das Modell der Transaktionsanalyse hilft, Konflikte zu lösen

Wortgefecht zu Beginn eines Meetings

Meetingleiter: „Sie kommen schon wieder zu spät!"

Teilnehmer: „Wann ich komme, müssen Sie schon mir überlassen."

Meetingleiter: „Eben nicht. Ich bin der Leiter und verlange, dass jeder Teilnehmer pünktlich kommt."

Teilnehmer: „Sie sind der Leiter des Meetings, aber nicht mein Chef."

Meetingleiter: „Ich werde mit Ihrem Chef über Ihr Verhalten sprechen, dann werden wir ja sehen, was er dazu meint."

Dieses kurze Wortgefecht könnte sich jetzt noch weiter fortsetzen, ohne dass die beiden zu einem Ergebnis kommen. Es könnte sogar in einen richtigen Streit ausarten. Anschuldigungen würden hin- und hergeworfen, ohne dass beide Seiten erkennen, was der wahre Grund der Auseinandersetzung ist. Dem Meetingleiter bleibt verborgen, warum der Teilnehmer zu spät gekommen ist. Und der Teilnehmer versteht nicht, dass der Leiter des Meetings hier seine Führungsrolle wahrnimmt. Möglicherweise ist es auch ein Konflikt zwischen der Arbeitsgruppe und der Abteilung. Der Mitarbeiter wird von der Abteilung so eingebunden, dass er gar nicht pünktlich zu den Besprechungen kommen kann. Oder, oder, oder ...

Das Modell der Transaktionsanalyse zeigt, warum sich Meetingleiter und Teilnehmer so verhalten wie in diesem kurzen Wortgefecht. Und es zeigt, wie beide es schaffen können, anders miteinander zu reden, um auf der Sachebene eine Lösung für ihren Konflikt zu finden.

Kommunikationsmuster aus der Kindheit „Ich bin o. k. du bist o. k." ist der Titel des Buches von A. Harris, auf dessen Grundlage der amerikanische Psychotherapeut Eric Berne das Modell der Transaktionsanalyse beschrieben hat. Seine These ist: Persönlichkeit und Kommunikationsstil werden schon in der Kindheit ausgeprägt. In dieser Zeit eignet sich jeder die Kommunikationsmuster an, die ihn dann ein Leben lang begleiten.

Merksatz: Transaktionsanalyse

Die Transaktionsanalyse beschreibt die Kommunikation zwischen zwei Kommunikationspartnern. Sie sind Sender und Empfänger von Botschaften, den Transaktionen. Die Wirkung der Kommunikation ist nach diesem Modell eine Reaktion auf eine Transaktion. Sie wird durch den sog. Ich-Zustand bestimmt.

Drei Ich-Zustände bestimmen unsere Persönlichkeit

Drei Seelen wohnen in meiner Brust – so könnte man die „Ich-Zustände" auch nennen. Es sind Persönlichkeitsmerkmale, die unser Handeln bestimmen.

Sie wirken so, als hätte jeder Mensch drei unterschiedliche Persönlichkeiten in sich, zwischen denen er in seinem Leben hin- und herpendelt. Sie können sogar von Minute zu Minute wechseln. Die drei Persönlichkeitszustände sind:

- Eltern-Ich,

- Erwachsenen-Ich und

- Kindheits-Ich.

Eltern-Ich: Das Eltern-Ich vermitteln die Eltern ihren Kindern von der ersten Minute an. Sie sagen ihnen, wie sie sich in der einen oder der anderen Situation verhalten sollen. Sie bestimmen damit auch, wie ihre Kinder denken, empfinden und wahrnehmen. Dies geschieht einerseits bewusst durch Ermahnungen und Anweisungen, andererseits auch unbewusst, indem sie durch ihr Verhalten Wünsche, Forderungen und Empfindungen übertragen. Das Gehirn sammelt all diese Erfahrungen als Lebensweisheiten, Ermahnungen, Vorschriften, Regeln, Gebote oder Verbote. Solche Regeln fürs Leben werden häufig über Generationen hinweg in Form von Sprichwörtern wie den folgenden vermittelt: „Sich regen bringt Segen!", „Was du nicht willst, dass man dir tu, das füg auch keinem anderen zu." oder „Sag immer die Wahrheit!".

Bis zum Schulbeginn sind diese Regeln für Kinder unumstößliche Wahrheiten. Sie sind das angelernte Lebenskonzept eines Menschen – selbst dann, wenn neue Erfahrungen gemacht werden oder die Regeln des Eltern-Ichs bewusst durch neue Erfahrungen infrage gestellt werden. In unserem Verhalten aus dem Eltern-Ich heraus werden die eigenen Eltern wieder sichtbar. Dies hat zwei Gesichter: In dem einen ist es fordernd, drängend, bestrafend und richtend. In dieser Form ist es das kritische Eltern-Ich. In seiner anderen Form ist es gütig, fürsorglich oder bemutternd. Hier ist es das unterstützende Eltern-Ich.

Eigene Eltern werden sichtbar

Kindheits-Ich: Dieser Ich-Zustand entwickelt sich während der ersten Lebensjahre. Das neugeborene Kind hat nicht die Möglichkeit, in Worten zu kommunizieren. Es reagiert auf Anstöße von außen mit Gefühlen. Auf negative Erfahrungen reagiert es mit Überraschung, Schrecken, Schmerz und Angst. Auf positive Erfahrungen mit Freude, Spaß, Sorglosigkeit, Glück, Wohlbehagen, Kreativität und Spontaneität.

Emotionale Reaktion

Das Kindheits-Ich hat ebenfalls zwei Formen: In der einen drückt es sich in Emotionen wie Freude, Lust, Schmerz und Trauer aus. Es ist das natürliche Kindheits-Ich. In der anderen Form, dem angepassten Kindheits-Ich, ist es unterordnungsbereit, nachgebend, hilflos und ängstlich.

So, wie sich im Eltern-Ich die Eltern wiederfinden, so finden wir in unserem Kindheits-Ich die eigene Kindheit wieder. Eltern-Ich und Kindheits-Ich wurden von uns unbewusst aufgenommen. Wir haben keinen Einfluss darauf, wie sich unser Eltern-Ich oder unser Kindheits-Ich entwickelt.

Erwachsenen-Ich: Das Erwachsenen-Ich unterscheidet sich vom Eltern-Ich und vom Kindheits-Ich grundlegend. Auf die Entwicklung des Erwachsenen-Ichs haben wir bewusst Einfluss genommen. Es bildet sich ab dem 10. Lebensmonat heraus. Das Erwachsenen-Ich ist die kritische Instanz gegenüber Eltern- und Kindheits-Ich. Mit dem Erwachsen-Ich überprüfen wir, ob die Lebensregeln, die das Eltern-Ich gespeichert hat, noch gelten und anwendbar sind. Ebenso kann es entscheiden, ob die Gefühle und Reaktionen des Kindheits-Ichs für eine Situation noch angemessen sind. Mit dem Erwachsenen-Ich entscheiden wir auch, ob wir aus dem Eltern-Ich oder dem Kindheits-Ich heraus kommunizieren.

Die verschiedenen Ich-Zustände haben jeweils auch typische verbale und nonverbale Kennzeichen. Diese sind in der folgenden Tabelle 3 zusammengestellt.

	Eltern-Ich	Kindheits-Ich	Erwachsenen-Ich
Nonverbale Kennzeichen	Gerunzelte Brauen und Stirnfalten	Achselzucken	Blickkontakt
	Bedeutungs-schweres Spiel mit den Fingern	Lachen/Grinsen	Zuwendung zum Partner
		Sich beleidigt zurückziehen	Bereitschaft zuzuhören
	Verzweifelter oder entsetzter Augenaufschlag	Kopf senken	Offene Arme
		Wegsehen	
	Seufzen	Zur Seite blicken	
		Tränen	
	Gespitzte Lippen	Zitternde Lippen	
	Der erhobene Zeigefinger	Schmollen	
	Einem anderen den Kopf tätscheln	Wutanfälle	
	Die Arme in die Seite stemmen		
	Die Arme vor der Brust verschränken		

	Eltern-Ich	Kindheits-Ich	Erwachsenen-Ich
Typische Redewendungen	„... immer das Gleiche!" „Du musst immer daran denken, dass ..." „Du darfst nie vergessen, dass ..."	„Ich-weiß-doch-nicht"-Formulierungen „Ich will ..." „Ich wünsche mir ..." „Ich möchte ..." „Mir doch egal ..." „Wenn ich groß bin ..."	„Ich finde ..." „Ich meine ..." „Wahrscheinlich ..." „Meiner Einschätzung nach ..." Fragen: „Warum?", „Wo?", „Was?", „Wessen?", „Wie?", „Auf welche Weise?"

Tabelle 3: Verbale und nonverbale Zeichen kennzeichnen die Ich-Zustände.

Die Ich-Zustände bestimmen, wie wir uns in einer konkreten Situation verhalten. Deshalb kann ein und dieselbe Situation drei unterschiedliche Reaktionen hervorrufen. In der folgenden Abbildung 14 sind die drei Möglichkeiten dargestellt, wie der Leiter auf das Zuspätkommen des Teilnehmers hätte reagieren können.

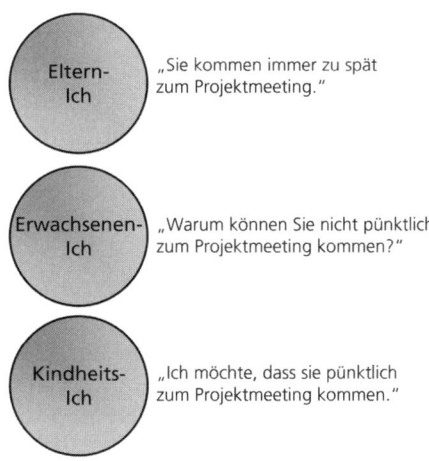

Abbildung 14: Der Ich-Zustand bestimmt die Antwort.

Jemand, der von seinem Eltern-Ich dominiert ist, hat die Neigung, Regeln aufzustellen, Weisheiten mit Absolutheitsanspruch zu verkünden und den anderen Fehler nachzuweisen. Seine Kommunikationspartner fühlten sich gegängelt.

Kinheits-Ich: Spaß und Trauer — Aus dem Kindheits-Ich kommen die Impulse zu Spaß und Albernheit, aber auch zu Wehleidigkeit und Trauer. Diese Verhaltensweisen lockern das Arbeitsleben auf. Sie stören aber, wenn sie zu dominierendem Verhalten werden. Menschen, die zu solchen Verhaltensweisen neigen, laufen Gefahr, in einer schwierigen Situation nicht ernst genommen zu werden. „Das ist ja nur wieder ein Spaß!"

Erwachsenen-Ich sollte dominieren — Das Erwachsenen-Ich sollte das dominierende Element in Ihrer Kommunikation sein. Dies heißt nicht, dass Sie Ihr Eltern- oder Kindheits-Ich unterdrücken müssen. Es kann im Arbeitsalltag Situationen geben, in denen es besser ist, Regeln einfach aufzustellen, ohne diese bis ins letzte Detail zu diskutieren; oder aus dem Kindheits-Ich heraus Spaß und Freude zu zeigen.

Eine Transaktion ergibt die andere

Zusammentreffen der Ich-Zustände — Kommunikation ist ein dynamischer Prozess. Ein Sender sendet eine Transaktion aus einem seiner drei „Ich-Zustände". Dies trifft dann auf den Empfänger, der sich wiederum in einem der drei „Ich-Zustände" befindet. Dabei gibt es neun unterschiedliche Formen, wie die Ich-Zustände aufeinandertreffen können.

Abbildung 15 zeigt, dass es grundsätzlich neun Transaktionsarten gibt.

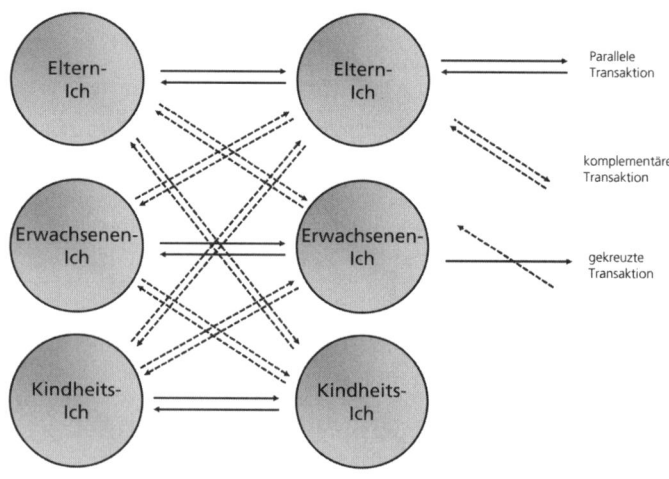

Abbildung 15: Neun verschiedene Arten der Transaktion sind zwischen Sender und Empfänger möglich.

Parallele Transaktionen: Bei parallelen Transaktionen unterhalten sich die beiden Gesprächspartner aus dem gleichen Ich-Zustand heraus. Hier spricht das Eltern-Ich zum Eltern-Ich, das Kindheits-Ich zu Kindheits-Ich und das Erwachsenen-Ich zum Erwachsenen-Ich.

Gleicher Ich-Zustand

Komplementäre Transaktionen: Die Transaktionen zielen auf den komplementären Ich-Zustand des Empfängers. Zum Beispiel sendet der Sender eine Botschaft aus dem Eltern-Ich zum Kindheits-Ich des Empfängers und der Empfänger antwortet aus dem Kindheits-Ich zurück.

Ich-Zustände ergänzen sich

Gekreuzte Transaktionen: Bei einer gekreuzten Transaktion durchkreuzt der Empfänger die Absicht des Senders. Der Sender zielt aus dem Eltern-Ich auf das Kindheits-Ich. Jedoch der Empfänger antwortet nicht aus dem Kindheits-Ich, sondern aus dem Erwachsenen-Ich.

Ich-Zustände überkreuzen sich

Bei einer parallelen Transaktion sind Sie mit Ihrem Gesprächspartner im Einklang

Bei der parallelen Transaktion kommunizieren beide Gesprächspartner aus dem gleichen Ich-Zustand und sind damit sozusagen auf einer Wellenlänge:

Gegenseitige Bestätigung

Kollege: „Bei mir kommen immer wieder Teilnehmer unpünktlich zu den Meetings."

Kollegin: „Bei mir ist es das Gleiche. Man hat verlernt, pünktlich zu sein."

Kollege: „Ja so ist es, früher war Pünktlichkeit immer eine der ersten Regeln."

Kollegin: „Das kenn ich auch noch. Aber heute kümmert sich keiner darum, dass solche Regeln aufgestellt werden."

Und so könnte der Dialog weiter dahinplätschern. Kollege und Kollegin bestärken sich gegenseitig in ihren Meinungen. Es werden Allgemeinplätze ausgetauscht und beide bestätigen sich gegenseitig ihre Regeln.

Übung: Dialog im Erwachsenen-Ich-Zustand

Im Dialog am Anfang des Kapitels sendet der Meetingleiter Botschaften aus dem Erwachsenen-Ich zum Kindheits-Ich des Teilnehmers. Wie könnte der Dialog aussehen, wenn beide sich auf der Ebene des Erwachsenen-Ichs unterhalten?

Meetingleiter: „Wir haben vereinbart, dass wir alle zusammen im Meeting pünktlich starten."

Teilnehmer: „…"

Meetingleiter: „…"

Teilnehmer: „…"

Nüchterner und sachlicher Austausch Parallele Transaktionen von Erwachsenen-Ich zu Erwachsenen-Ich sind nüchtern und sachlich. Informationen werden ausgetauscht, Ratschläge gegeben und Probleme gelöst. Der Dialog hätte deshalb diesen Verlauf nehmen sollen:

Parallele Transaktion im Erwachsenen-Ich

Meetingleiter: „Wir haben vereinbart, dass wir alle zusammen im Meeting pünktlich starten."

Teilnehmer: „Ich bin noch durch ein wichtiges Telefonat aufgehalten worden. Bitte entschuldigen Sie das."

Meetingleiter: „Für dieses Mal ist das o. k. aber beim nächsten Mal sind Sie bitte pünktlich."

Parallele Transaktionen auf der Ebene des Kindheits-Ichs erleben Sie an Ihrem Arbeitsplatz dann, wenn Sie mit einem Kollegen zusammenarbeiten und beide Spaß daran haben, gemeinsam etwas zu entwickeln. Durch Ihre Kommunikation bestätigen Sie sich gegenseitig und motivieren sich so. Und so könnte ein solcher Dialog aussehen:

Parallele Transaktion im Kindheits-Ich

Kollege: „Das hat ja gut geklappt."

Kollegin: „Da haben wir wirklich ein tolles Ergebnis hingekriegt."

Kollege: „Es macht wirklich Spaß, mit dir zusammenzuarbeiten."

Bei komplementären Transaktionen spielt jeder seine Rolle

Ohne Konflikte klappt die Kommunikation auch dann, wenn beide Kommunikationspartner aus unterschiedlichen Rollen kommunizieren:

Komplementäre Transaktion

Meetingleiter: „Sie kommen nie pünktlich zu den Besprechungen!"
(Eltern-Ich)

Teilnehmer: „Ich weiß nicht, woran es liegt, dass ich nie pünktlich bin." (Kindheits-Ich)

Meetingleiter: „Tragen Sie sich die Besprechung in Outlook ein. Dann werden Sie eine Viertelstunde vor dem Termin daran erinnert." (Eltern-Ich)

Teilnehmer: „Darauf bin ich noch nicht gekommen." (Kindheits-Ich)

Meetingleiter: „Sie müssen nur mich fragen. Ich weiß immer einen Rat." (Eltern-Ich)

In diesem Dialog kommuniziert das Eltern-Ich des Meetingleiters mit dem Kindheits-Ich des Teilnehmers. Der Leiter ist die anerkannte Autorität und der Teilnehmer das Kind, das Fehler macht. Solange beide diese Rolle annehmen können, werden sie sich gut miteinander unterhalten. Komplementäre Transaktionen sind dann notwendig, wenn aufgrund der Arbeitsverteilung einer eine dominierende und der andere eine unterordnende Rolle hat. Dies ist die typische Rollenverteilung zwischen Vorgesetztem und Mitarbeiter. Immer dann, wenn der Vorgesetzte eine Anweisung erteilt, entsteht eine komplementäre Transaktion.

Dominierende und untergeordnete Rolle

Übung: Arbeitssituationen mit komplementären Beziehungen

Überlegen Sie, in welchen Arbeitssituationen es komplementäre Beziehungen gibt. Beantworten Sie dann die folgende Frage: Ist es immer sinnvoll, eine komplementäre Rolle einzunehmen?

Beziehungen zu Kunden, Auftragnehmern und Dienstleistern sind komplementäre Beziehungen. Dies heißt aber nicht, dass Sie in jeder Situation mit Menschen in dieser Rolle aus dem Eltern-Ich kommunizieren. In vielen Gesprächen lösen Sie hier Probleme oder handeln Interessen aus. Dann nutzt es Ihnen nichts, wenn der Gesprächspartner Ihnen willenlos folgt. Sie müssen sich dann mit ihm auf

Aus dem Erwachsenen-Ich kommunizieren

137

gleicher Augenhöhe unterhalten und dies heißt: Kommunizieren Sie aus dem Erwachsenen-Ich.

Konflikte äußern sich in gekreuzten Transaktionen

Im Dialog zu Beginn des Kapitels bahnt sich ein Konflikt an. Warum? Er besteht aus sich ständig kreuzenden Transaktionen vom Eltern-Ich zum Kindheits-Ich. Und dies auf beiden Seiten. In Abbildung 16 ist dies nochmals dargestellt.

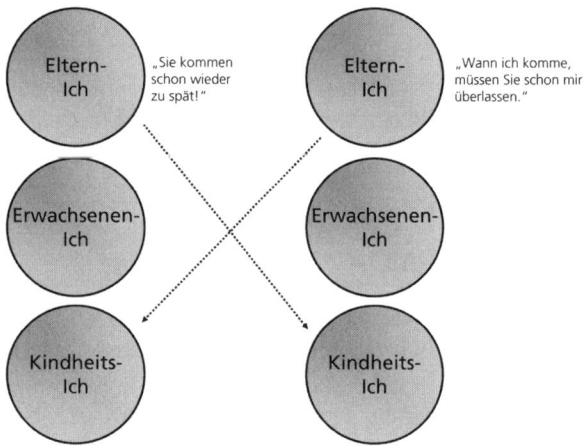

Abbildung 16: Gekreuzte Transaktionen weisen auf Konflikte hin.

Wenn sich Transaktionen kreuzen, dann ist dies ein Zeichen für einen Konflikt. Dem Wortgefecht zwischen Meetingleiter und Teilnehmer kann auf der sachlichen Ebene folgender Konflikt zugrunde liegen:

Zugrunde lie-
gender Konflikt

Der Leiter des Meetings kann seine Themen nur besprechen, wenn alle Teilnehmer anwesend sind. Für den Teilnehmer ist das Meeting jedoch nur eine Aktivität während des gesamten Arbeitstages. Von seinem Chef hat er die Vorgabe, alles liegen zu lassen, wenn ein Kunde anruft.

Emotional aufgeladen sieht jeder nur seine Interessen und Zwänge. Der Leiter des Meetings kommuniziert aus seinem Eltern-Ich, denn er will seine Regeln durchsetzen. Der Teilnehmer wehrt sich und kommuniziert aus seinem Eltern-Ich, denn er will die Regeln seiner Abteilung durchsetzen. In der Kommunikation der beiden zeigt sich der Kampf, den sie ausfechten. Ziel ist es, den jeweils anderen zu unterwerfen.

Wechsel des Ich-Zustands löst Konflikte

Wissen Sie, wie der Leiter des Meetings – trotz des sachlich bestehenden Konflikts – den Streit von der ersten Minute an hätte verhindern können? Durch den Wechsel in das Erwachsenen-Ich.

Wechsel zum Erwachsenen-Ich

Meetingleiter: „Warum kommen Sie zu spät?"

Teilnehmer: „Bitte entschuldigen Sie. Ich hatte noch ein wichtiges Kundengespräch, das ich nicht aufschieben konnte."

Meetingleiter: „Warum nicht?"

Teilnehmer: „In unserer Abteilung haben wir die Regel: Kundengespräche gehen immer vor."

Der Konflikt ist damit nicht gelöst, aber auf eine sachliche Ebene gebracht. Beide müssen jetzt aushandeln, wie sie den Konflikt lösen können. Auch an jeder anderen Stelle des Dialogs hätte einer von beiden den Ich-Zustand wechseln und aus dem Erwachsenen-Ich heraus zumindest das Wortgefecht beenden können. Abbildung 17 zeigt dies an einem Beispiel.

Rückkehr zur sachlichen Ebene

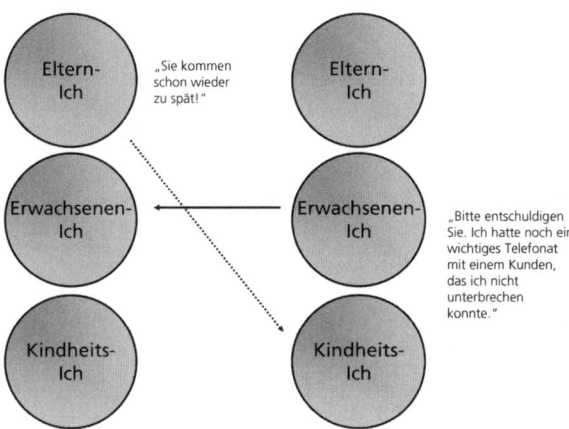

Abbildung 17: Ein Wechsel in das Erwachsenen-Ich macht Wortgefechten ein Ende.

Jedoch ist der Wechsel in das Erwachsenen-Ich bei einem Konflikt nicht so einfach. Denn unsere Emotionen verhindern, dass wir diese Möglichkeit überhaupt ins Auge fassen. Je hitziger das Wortgefecht, umso schwerer wird der Ausstieg aus der komplementären Transaktion.

Beenden Sie eskalierende Gespräche Beenden Sie die Auseinandersetzung, wenn Sie erkennen, dass Sie sich hier nur gegenseitig aufschaukeln. Mit einer Formulierung wie der folgenden wechseln Sie automatisch in das Erwachsenen-Ich und beenden Wortgefechte: „Ich höre jetzt auf zu diskutieren, denn wir kommen zu keiner Lösung. Lassen Sie uns etwas Abstand gewinnen und darüber später weiterreden."

Gewinnen Sie Abstand Stacheln Sie sich selbst bei Konflikten nicht durch Gespräche mit Freunden und Bekannten darüber weiter auf. Denn dies passiert leichter, als Sie denken. Sie kommen schnell mit Ihren Vertrauten in eine parallele Transaktion, wie zum Beispiel beim Dialog zwischen den beiden Kollegen, die sich über die Unpünktlichkeit der Teilnehmer in Meetings beklagen, zu sehen ist. Denken Sie lieber an etwas anderes und gewinnen Sie Abstand. Hoffen Sie darauf, dass Ihr Konfliktgegner das Gleiche tut. Erst dann, wenn Sie und Ihr Konfliktgegner Abstand von den Emotionen gewonnen haben, dann können Sie sich sachlich mit dem Streitgegenstand auseinandersetzen.

Checkliste: So versachlichen Sie Konflikte	
Stellen Sie Fragen: Durch Fragen signalisieren Sie Interesse. Dies hilft Ihrem Konfliktgegner, seinen Standpunkt zu formulieren. Ihnen hilft es, nicht vorschnell Appelle auszusprechen, Urteile zu fällen, Wertungen vorzunehmen und Vorschläge zu machen.	
Hören Sie aktiv zu: Signalisieren Sie Ihrem Konfliktgegner durch einen entsprechenden Gesichtsausdruck, eventuell auch durch zustimmendes Nicken, dass Sie seinen Ausführungen mit Interesse folgen. Stellen Sie klärende Fragen. Vielleicht wiederholen Sie kurz, was Sie verstanden bzw. herausgehört haben.	
Geben Sie Informationen: Erklären Sie Ihren Standpunkt und erläutern Sie, was für Sie wichtig ist. Schildern Sie so viel wie möglich von Ihren Hintergründen, Zwängen und Möglichkeiten. Dies hilft, wenn Sie beide nach Lösungswegen suchen.	
Bleiben Sie im Erwachsenen-Ich, selbst dann, wenn Ihr Konfliktgegner dies nicht tut. Denn nur aus dem Erwachsenen-Ich heraus haben Sie die Chance, auf der Sachebene eine Lösung zu finden.	

Zusammenfassung

Ihre Kompetenz in Konflikten

- Machen Sie eine nüchterne Situationsanalyse. Hinter Wortgefechten steckt ein Interessengegensatz. Diesen müssen Sie verstehen. Dies heißt nicht, dass Sie damit einverstanden sind.

- Versuchen Sie, Ihren Konfliktgegner zu verstehen. Wenn Sie verstanden haben, worum Sie sich streiten, dann können Sie auch verstehen, warum Ihr Konfliktgegner so handelt, wie er es tut. Dies heißt nicht, dessen Emotionen und Interessen zu teilen. Es heißt, diese als seine subjektive Sicht anzuerkennen. Versuchen Sie, sich in Ihren Kontrahenten hineinzuversetzen. Stellen Sie sich dazu die folgenden beiden Fragen: Welche Interessen hat er? Und: Was bewegt ihn emotional?

- Verständigen Sie sich mit Ihrem Konfliktgegner über Ihre Motive und Emotionen. Damit klären Sie die Hintergründe und Auslöser für den Konflikt. Sowohl die rationale wie auch die emotionale Seite eines Konflikts wird erst deutlich, wenn die Konfliktgegner ihre Emotionen und Interessen mitteilen und zuhören, was den jeweils anderen bewegt.

- Schaffen Sie Vertrauen. In einem Konflikt möchte jeder, dass der jeweils andere in einer bestimmten Art und Weise reagiert. Aber genau das tut er nicht. Die Folge davon ist, dass die Konfliktparteien voneinander enttäuscht sind und den Konflikt auch als Vertrauensbruch interpretieren. Erst wenn beide Konfliktparteien das Vertrauen gewinnen, dass sie eine Lösung wollen, mit der beide Parteien leben können, kann eine Suche nach dieser Lösung begonnen werden.

- Akzeptieren Sie die Interessen Ihres Konfliktgegners. Beide Parteien müssen die Interessen des Konfliktgegners akzeptieren. Die Botschaft für eine rationale Konfliktlösung lautet: „Ich akzeptiere deine Interessen. Bitte akzeptiere auch meine."

- Suchen Sie nach Kompromissen. In Konflikten ist eine Lösung nur möglich, wenn beide Seiten auf die vollständige Durchsetzung ihrer Interessen verzichten. Eine Lösung wird nur durch gegenseitiges Nachgeben gefunden.

- Versachlichen Sie Ihre Konfliktgespräche. In einem Streit kommunizieren Sie aus Ihrem Eltern-Ich zum Kindheits-Ich Ihres Kontrahenten. Dieser macht das Gleiche. Steigen Sie aus: Wechseln Sie zum Erwachsenen-Ich.

Andere überzeugen

Geschafft! Nach vielen Analysen, Workshops und Meetings ist das Konzept endlich fertig. Alle haben viel Herzblut in die Unterlagen und die Planung der Umsetzung gesteckt. Eine große Herausforderung steht aber noch bevor: Das Konzept muss vom Management genehmigt werden.

Zwei Präsentationen

Ein großer Sitzungsraum. In ihm sitzen 15 Personen, das Management des Bereichs. Der Leiter der Arbeitsgruppe steht vorne, ausgerüstet mit Notebook und Beamer. Er projiziert eine Folie nach der anderen an die Wand, voll mit Grafiken und Text, die selbst aus kurzer Entfernung kaum lesbar sind: technische Details, Abwägung von Risiken, Vorteile der technischen Neuerungen. Eine halbe Stunde ist schon vorbei. Einige Teilnehmer haben inzwischen ihre Unterlagen studiert oder Mails bearbeitet. Aber erst die Hälfte der Folien ist geschafft! Da unterbricht der Leiter der Runde die Präsentation. „Es war alles sehr interessant, aber was Sie damit sagen wollen, müssen Sie nochmals auf den Punkt bringen."

Eine Stunde später. Ein Kollege stellt sein Konzept vor:

„Vielen Dank für die gute Präsentation. Wir habe jetzt verstanden, was Sie erreichen wollen. Ihr Konzept hat unsere volle Zustimmung", so schloss der Geschäftsführer diesen Tagesordnungspunkt. Was war anders? Der Kollege hatte nur wenige Folien gezeigt. Es hatte ihn viel Mühe gekostet, das Problem so darzustellen, dass klar wurde, worin der Nutzen für das Unternehmen besteht. Er hatte lange überlegen müssen, mit welchem griffigen Beispiel er den Nutzen erklären konnte. Die Diskussion nach der Präsentation war sehr konstruktiv und er bekam von den Teilnehmern noch viele Hinweise auf wichtige Details. Auch die Teilnehmer waren zufrieden. Schon lange nicht mehr hatten sie unter sich eine so angeregte Diskussion geführt und dabei ein besseres gemeinsames Verständnis eines wichtigen Problems in ihrem Unternehmen gewonnen.

Was unterscheidet beide?

Der Arbeitsgruppenleiter vom Anfang des Beispiels ist sicher ein exzellenter Fachmann. Er stellt sein Problemverständnis und seine Lösung in den Mittelpunkt. Die Präsentation soll das Management durch die möglichst sachgerechte Darstellung überzeugen. Aber er erreicht seine Teilnehmer nicht. Sie können die Details seiner Präsentation nicht einordnen. Und so wird für sie nicht klar, was der Nutzen des Konzepts ist.

Der zweite Experte, der Kollege, stellt das Problem aus der Sicht des Managements dar und hatte eine Antwort auf die Frage: Was hat das

Unternehmen davon? Er hat die Fähigkeit, sich in die Problemwelt des Managements hineinzuversetzen, und kann dessen Sprache sprechen. Dies gelingt ihm so gut, dass der Führungskreis selbst neue Erkenntnisse über das Problem gewinnt.

Fähigkeit zu überzeugen entscheidend Der Kollege kann andere mit seiner Präsentation überzeugen. Und damit ist er im Vorteil – nicht nur bei der Präsentation vor dem Management. Auch dann, wenn Kunden und Betroffene für ein neues Produkt oder eine organisatorische Veränderung gewonnen werden müssen, ist die Fähigkeit, andere für sich bzw. eine Sache zu gewinnen, gefragt – denn Widerstände gegen Veränderungen müssen aufgebrochen und eine neue, vielleicht aus der Sicht der Betroffenen nicht gerade attraktive Lösung muss akzeptiert werden.

Wie dies geht, zeigen die folgenden beiden Kapitel.

- Präsentieren: Ergebnisse kurz, klar und überzeugend darstellen
- Überzeugen: Einfluss auf das Denken, Entscheiden und Handeln anderer nehmen

Präsentieren: Ergebnisse kurz, klar und überzeugend darstellen

„Eine gute Rede soll das Thema erschöpfen, nicht die Zuhörer."
(Winston Churchill (1874–1965), britischer Staatsmann)

Präsentieren kommt von Präsent. Und das Wort Präsent bedeutet Geschenk. Mit Ihrer Präsentation machen Sie dem Publikum, dem Management, den Kollegen, den Kunden, ein Geschenk. Sie vermitteln einen Inhalt, der für jeden einzelnen Teilnehmer einen Nutzen hat und verpacken es, indem Sie die Inhalte auf den Punkt bringen und interessant darstellen.

Auf das Wie kommt es an Empirische Untersuchungen haben ergeben, dass die Wirkung einer Präsentation nur zu 7 % vom Inhalt abhängt. Entscheidend für den Erfolg Ihrer Präsentation ist nicht, was Sie sagen, sondern vor allem, wie Sie es sagen. Mit Präsentationen werden nicht nur Zahlen, Daten und Fakten vermittelt, sondern vor allem soll auch das Herz des Zuhörers erreicht werden.

In diesem Kapitel erhalten Sie Antworten auf die folgenden Fragen:

- Wie bekomme ich heraus, was meine Zuhörer interessiert?
- Wie strukturiere ich ein Thema so, dass es auch von Nichtfachleuten verstanden wird?
- Wie gestalte ich die Präsentation?

- Wie mache ich Folien attraktiv?
- Wie vermeide ich, dass Einwände und Störungen die Präsentation sprengen?
- Wie begeistere ich meine Zuhörer?
- Wie bereite ich meinen Auftritt vor?

Durch ein Zielkreuz erfahren Sie, was Ihre Zuhörer interessiert

In Schule und Universität haben wir gelernt, anderen zu zeigen, was wir gelernt haben. Es kam dabei darauf an, auch zu zeigen, wie gut man die Sprache der Wissenschaft beherrscht. Wie kompliziert wir uns dabei auch ausdrückten, wir konnten immer sicher sein, dass die anderen uns verstanden und uns vielleicht sogar für unsere wissenschaftliche Darstellung lobten.

In der Berufswelt ist es jedoch anders. Präsentationen werden nicht für diejenigen gehalten, die das Thema besser kennen als wir, sondern für Menschen, die von der Sache nichts verstehen. Es geht nicht mehr darum zu zeigen, was wir alles können, sondern Menschen zu informieren und zu gewinnen.

Menschen informieren und gewinnen

Merksatz: Präsentation

Eine Präsentation ist eine Kommunikationsform, bei der die Visualisierung des Themas mit einem Vortrag verbunden wird. In ihr verschmelzen die bildliche Darstellung und deren sprachliche Erklärung zu einer Einheit. Bild und Wort ergänzen sich in der Präsentation und erhöhen so die Verständlichkeit für die Teilnehmer um ein Vielfaches.

Eine Präsentation muss immer auf die Zielgruppe zugeschnitten sein. Eine technisch perfekte Multimediapräsentation kann ihren Zweck verfehlen, wenn die Teilnehmer erwarten, dass der Referent spontan auf ihre Fragen eingeht. Andererseits wird eine spontane und auf Improvisation angelegte Präsentation ihren Zweck nicht erfüllen, wenn sie vor einem Auditorium mit mehreren hundert Menschen gehalten werden muss. Ihre Präsentation muss zum Thema und zu den Teilnehmern passen, wenn sie ihr Ziel erreichen soll.

Auf Zielgruppe zuschneiden

Als Fachmann oder Fachfrau haben Sie die spezifischen Fragen und Probleme des Themas im Blick, wenn Sie eine Präsentation vorbereiten. Wichtig ist jedoch, dass Sie ein Gespür für die Fragen und Probleme Ihrer Zielgruppe entwickeln. Was wollen meine Zuhörer wissen? Dies ist die Frage, die Sie sich zu Beginn der Vorbereitung immer stellen müssen.

Fünf typische Zielgruppen Als Experte präsentieren Sie vor allem vor fünf typischen Zielgruppen: Kollegen, dem Management, Kunden, Ihren Mitarbeitern und Betroffenen.

Kollegen Die Zielgruppe der Kollegen wird oft übersehen. Aber auch Ihre Kollegen wollen über das informiert sein, was Sie tun. Sie müssen Sie dafür gewinnen, Sie bei Ihrer Tätigkeit und Ihren Projekten zu unterstützen, oder ihnen die Informationen geben, die sie selbst für ihre Arbeit und Projekte benötigen. Ihre Präsentation für diese Zielgruppe muss die Frage beantworten: Was müssen meine Kollegen wissen, damit Sie mich unterstützen können?

Management Zum Management gehören vor allem Ihre Chefs. Es sind diejenigen, von denen Sie den Auftrag erhalten haben, für die Sie ein Problem untersuchen oder ein Konzept entwickeln. Ihre Chefs möchten von Ihnen einen Vorschlag, mit dem Sie deren Probleme lösen oder deren Ziele erfüllen. Eine Präsentation für diese Zielgruppe muss immer die Frage beantworten: Was habe ich als Abteilungsleiter, Niederlassungsleiter oder Vorstand von dem vorgestellten Konzept?

Kunden Kunden kaufen ein Produkt oder eine Dienstleistung. Sie bezahlen dafür, dass damit ein Problem gelöst wird oder dass sie dadurch ihre eigenen Produkte und Dienstleistungen besser verkaufen können. Kunden möchten wissen, ob sich ihre Investition lohnt. Ihre Präsentation für diese Zielgruppe muss die Frage beantworten: Welchen Nutzen hat das vorgestellte Produkt oder die Lösung?

Mitarbeiter Wenn Sie eine Abteilung, ein Projekt oder eine Arbeitsgruppe leiten, müssen Sie Ihren Mitarbeitern Themen vorstellen. Sie geben ihnen damit Informationen, die diese für ihre Tätigkeit benötigen, und einen Rahmen, in dem jeder Einzelne seine Tätigkeit einordnen kann. Präsentationen müssen hier die Frage beantworten: Was müssen die Mitarbeiter wissen, damit sie gut arbeiten können?

Betroffene Experten werden auch oft eingeladen, denjenigen eine Lösung vorzustellen, die von der Umsetzung betroffen sind. Sie wollen wissen, was das, was Sie vorstellen, für sie konkret bedeutet. Für diese Zielgruppe muss Ihre Präsentation also eine Antwort auf die Frage sein: Was wird sich für mich ändern, wenn die Lösung umgesetzt wird?

Ermitteln Sie die Interessen Ihrer Zielgruppe

In Ihrer Präsentation können Sie dann auf den Punkt kommen, wenn Sie wissen, was Ihre Zuhörer von Ihnen erwarten. Von dem ganzen Wissen, das Sie sich über ein Thema angeeignet haben, interessiert Ihre Zielgruppe nur ein Teil. Ein Vorstand will etwas anderes wissen als Ihre Kollegen, die am Thema mitarbeiten. Und letztlich wollen die Betroffenen noch ganz andere Informationen haben.

Das „Zielkreuz" ist eine Methode, mit der Sie den Interessen Ihrer Zielgruppe auf die Spur kommen. Sie können dann Ihre Präsentation genau auf die Punkte ausrichten, auf die es Ihren Zuhörern ankommt. *Mit dem Zielkreuz Interessen ermitteln*

Das Schema für ein „Zielkreuz" sehen Sie in Abbildung 18.

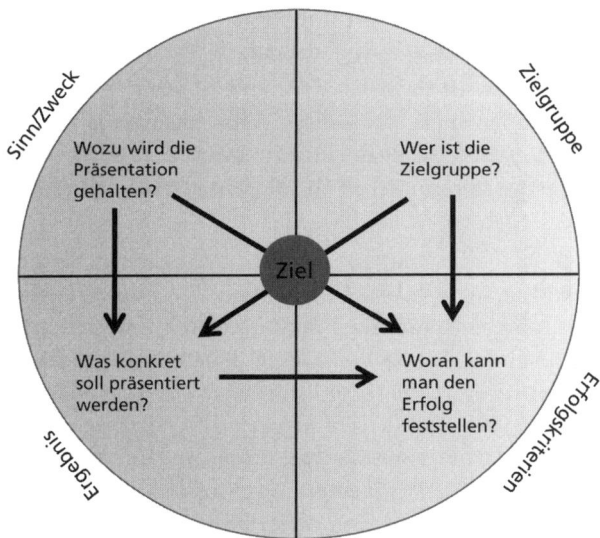

Abbildung 18: Das Zielkreuz macht Anlass, Thema, Zielgruppe und die Erwartungen an Ihre Präsentation transparent.

Mit dem Zielkreuz betrachten Sie die folgenden vier Aspekte Ihrer Präsentation:

Das Motiv: Warum ist die Präsentation erforderlich? Was ist der Anlass? Mit diesen Fragen erfahren Sie etwas über den Auslöser und die Hintergründe der Präsentation.

Die Zielgruppe: Stellen Sie sich die Zielgruppe so konkret wie möglich vor und beantworten Sie dann die beiden folgenden Fragen: Wer gehört zur Zielgruppe und auf welche Fragen und Probleme erwarten diese Personen eine Antwort?

Der Inhalt: Der Inhalt ist das, was Sie Ihrer Zielgruppe bei diesem Anlass vermitteln müssen. Er ist damit eine Auswahl aus all dem, was es zu dem Thema zu sagen gibt.

Die Wirkung: Mit Ihrer Präsentation wollen Sie etwas bei Ihren Zuhörern bewegen. Stellen Sie sich dazu die folgende Frage: Woran kann ich feststellen, dass ich mein Ziel erreicht habe?

 Auf der CD finden Sie ein Merkblatt, das die Technik des Zielkreuzes ausführlich darstellt.

Stellen Sie sich auf Ihre Zielgruppe ein

Sie vermitteln in mehreren Präsentationen den gleichen Inhalt, aber wie Sie es tun, kann jeweils immer wieder anders sein. Den Vorstand Ihres Unternehmens müssen Sie auf andere Weise ansprechen als Ihre Kollegen. Noch anders ist Ihre Beziehung zu Ihren Zuhörern, wenn Sie vor einer Arbeitsgruppe präsentieren, die Sie leiten, oder wenn Sie bei einem Kunden sind.

Kollegen: normaler Umgangston Bei einer Präsentation vor Kollegen behalten Sie den normalen Umgangston bei. Hier können Sie ungezwungen agieren, denn Sie sind mit allen Anwesenden auf der gleichen Ebene. Aber wenn Sie eine Präsentation halten, haben Sie eine offizielle Rolle. Deshalb sollte Ihre Anrede an die Kollegen etwas verbindlicher und formeller als üblich sein. Damit verleihen Sie Ihrer Präsentation Gewicht. Selbst wenn Sie normalerweise etwas flapsig mit Ihren Kollegen reden, sollten Sie sich dies in der Präsentation verkneifen. Sagen Sie nicht: „Ich weiß, dass ich dir alles immer zwei- oder dreimal erklären muss", sondern „Wenn es nicht klar geworden ist, versuche ich es noch mal auf eine andere Weise deutlich zu machen".

Multiple Wahrnehmung Lassen Sie sich nicht irritieren, wenn Sie vor obersten Führungskräften präsentieren. Hier sind Sie in einem Kreis mit für Sie nicht immer durchschaubaren Regeln. Führungskräfte auf dieser Ebene haben oft auch eine sog. multiple Wahrnehmung. Sie lesen Unterlagen oder bearbeiten E-Mails, sind aber trotzdem in der Lage, unterschwellig genau das Stichwort für den Punkt herauszuhören, der sie interessiert. Der Umgangston ist oft auf etwas rauer, als wenn Sie vor Kollegen präsentieren. Der Fokus der Aufmerksamkeit liegt nicht auf dem, was Sie darstellen, sondern darauf, welchen Nutzen es für das Unternehmen hat und welche Kosten verursacht werden. Präsentieren Sie zu viele Details, dann kann es passieren, dass man Sie mit dem folgenden Satz unterbricht: „Kommen Sie zum Wesentlichen." Das ist immer eine Aufforderung, den Nutzen darzustellen. Übergehen Sie deshalb alle Details und vermitteln Sie Ihre Hauptbotschaft.

Präsentieren Sie vor Ihrer Arbeitsgruppe, dann ist Ihnen eine große Aufmerksamkeit sicher. Sie haben hier eine Führungs- rolle – wenn auch oft nur fachlich. Das heißt nicht, dass da- durch die Mitglieder der Arbeitsgruppe oder des Projektteams von allein überzeugt sind und Ihnen aufmerksam und konzentriert zuhören. Auch in dieser Rolle müssen Sie das Interesse für Ihr Thema wecken. In der Präsentation präsentieren Sie sich auch in der Führungsrolle. Einwänden müssen Sie begegnen und gegen Störungen konsequent vorgehen. Denn was Sie hier durchgehen lassen, wird Sie in Ihrer Führungsrolle schwä- chen. Und noch etwas ist wichtig: Die Teilnehmer beobachten bei einer solchen Gelegenheit auch immer, wie gut Sie sind. Je besser Sie sich hier als Person präsentieren, desto größer ist die Akzeptanz, die Sie als Leiter haben.

Präsentation vor Arbeits- gruppe

Behandeln Sie in einer Präsentation vor einem Kunden die Teil- nehmer wie Könige. In dieser Präsentation sind Sie Verkäufer und müssen den Kunden überzeugen. Fragen und Einwände signalisieren immer: „Ich als Kunde bin noch nicht überzeugt." Nehmen Sie Einwände ernst und geben Sie dem Kunden recht. Versuchen Sie, durch Argumente die Einwände des Kunden zu zerstreuen. In diesen Präsentationen nützt es Ihnen nichts, wenn Sie recht behalten und der Kunde dann das Produkt nicht kauft. Besser ist, Sie geben nach und kön- nen dadurch den Kunden von Ihrem Produkt überzeugen.

Präsentation bei Kunden

Auch Menschen, die von den Konsequenzen betroffen sind, müssen Sie das Ergebnis Ihrer Arbeit verkaufen. In vielen Fäl- len bedeutet das, was Sie vorstellen, eine Veränderung. Sie soll- ten sich darauf einstellen, dass Ihre Zuhörer Ihrer Präsentation eher mit Skepsis folgen. Stellen Sie in Ihrer Präsentation die Punkte in den Vor- dergrund, mit denen Sie Ihre Zuhörer überzeugen und gewinnen kön- nen. Die Zuhörer Ihrer Präsentation beurteilen den Inhalt nicht danach, wie gut er fachlich und wie wichtig er für übergeordnete Ziele ist, sondern danach, was sie persönlich davon haben.

Präsentation bei Betroffenen

Pyramidales Denken gibt Ihrer Präsentation eine Struktur

Pyramid
Principle

Wie strukturiert man ein Thema? Diese Frage stellte sich Barbara Minto als Beraterin von McKinsey & Company. Dort machte sie die Beobachtung, dass viele ihrer Kollegen schon beim logischen Strukturieren eines Themas Probleme hatten. Sie fand heraus, dass Themen verständlich dargestellt werden können, wenn diese in Form einer Pyramide strukturiert sind. Ihre Methode wurde unter dem Namen „Pyramid Principle" bekannt.

Merksatz: Pyramidales Denken

Durch pyramidales Denken wird das Thema vom Allgemeinen zum Speziellen entwickelt. Für das Thema wird eine Hauptthese formuliert, die dann Ebene für Ebene in immer kleinere Denkcluster gegliedert wird. Dadurch entsteht eine Denkstruktur, die die Form einer Pyramide hat.

Ein Beispiel für eine solche pyramidale Struktur ist in Abbildung 19 dargestellt.

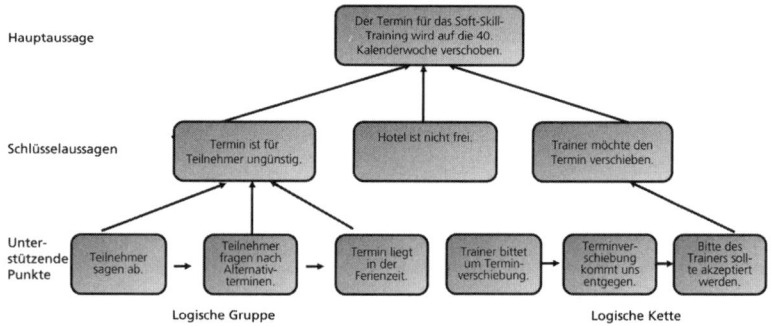

Abbildung 19: Die Gliederung in der Struktur eine Pyramide macht die Logik eines Themas deutlich.

Detaillierung
von oben
nach unten

Durch die Pyramidenstruktur ist jede Information auf jeder Ebene enthalten, jedoch von oben nach unten betrachtet in immer größerer Detaillierung. Der Vorteil für den Zuhörer ist: Er kennt schon zu Beginn der Präsentation die zentrale Aussage. Mit den nachfolgenden Informationen erhält er dann die Details, die er sofort in den großen Zusammenhang einordnen kann.

Die Struktur der Pyramide erleichtert die Informationsaufnahme

Wie entsteht in einem konkreten Fall die Struktur einer Pyramide? Das zeige ich Ihnen jetzt am Beispiel von Katrin, einer Personalreferentin, die für den Leiterkreis des Entwicklungsbereichs eine Präsentation vorbereiten muss.

Terminorganisation

Und das ist passiert:

- Katrin hat die Aufgabe übernommen, ein Programm für die Verbesserung der Soft Skills im Entwicklungsbereich zu organisieren. Vom Leiter der Entwicklungsabteilung hat sie dafür einen Wunschtermin bekommen.
- Sie ruft den Trainer an, mit dem das Unternehmen einen Rahmenvertrag für Soft-Skill-Trainings hat. Dieser bestätigt den Termin.
- Katrin schickt eine Einladung an die Teilnehmer und fragt in einigen Hotels an. Das günstigste Hotel hat aber an dem vorgesehenen Termin keinen Raum frei.
- Nach und nach melden ihr auch die Teilnehmer, dass der geplante Termin für sie nicht günstig ist, da er in der Ferienzeit liegt.
- Katrin erhält einen Anruf des Trainers, der sie fragt, ob der Termin nicht verlegt werden kann. Er würde dafür auch einen niedrigeren Preis berechnen.

Die Leiter der Entwicklungsabteilungen bitten Katrins Chef, sie über den Stand der Umsetzung des Programms zur Verbesserung der Soft Skills zu informieren, da sie bisher keine Rückmeldung erhalten haben, ob das Training stattfindet oder nicht. Katrin soll den Leiterkreis über den aktuellen Entwicklungsstand informieren. Mit dieser Präsentation will Katrin auch eine Entscheidung über einen neuen Termin verbinden. Sie beginnt mit der Gliederung der Präsentation und nutzt dabei das Prinzip der Pyramide.

Für den Aufbau der Pyramide gelten die folgenden drei Regeln:

Die Informationen einer Ebene fassen die darunter gruppierten Ideen zusammen: Dazu werden die vielen einzelnen Informationen zum Thema auf den Punkt gebracht. Sie abstrahieren von den Details und fassen sie in einer Kernaussage zusammen. Die Information an der Spitze der Pyramide ist die Kernaussage, diejenigen auf der darunter liegenden Ebene sind Schlüsselaussagen und alle weiteren Aussagen sind unterstützende Punkte.

Die Informationeen einer Ebene sind logisch gleich: Die Ideen innerhalb einer Gruppe müssen immer von der gleichen Art sein. Zum Beispiel: Entweder werden verschiedene Prozesse dargestellt oder unterschiedliche Gründe angeführt oder mögliche Probleme benannt.

151

Die Informationen innerhalb jeder Gruppierung stehen in einer logischen Reihenfolge: Die Zuhörer der Präsentation müssen die Reihenfolge der Informationen innerhalb einer Gruppe nachvollziehen können.

Kernaussage

In meinem Beispiel hat Katrin drei Informationen:

- Der Termin ist für die Teilnehmer ungünstig.
- Das gewünschte Hotel ist nicht frei.
- Der Trainer möchte den Termin verschieben.

Alle drei Informationen haben denselben Kern: Der Termin wird verschoben. Dies ist die Kernaussage, die auf der obersten Ebene der Pyramide zusammengefasst wird.

Zwei logische Prinzipien Die Informationen auf jeder Ebene der Pyramide können mit zwei unterschiedlichen logischen Prinzipien strukturiert werden:

- Das eine ist die logische Gruppe, bei der gleichwertige Aussagen aufgezählt werden, und

- das andere die logische Kette, durch die die Kernaussage durch Schlussfolgerungen abgeleitet wird.

Die logische Gruppe: Informationen, die die Aussage der nächsthöheren Ebene belegen, werden zu einer logischen Gruppe zusammengefasst. Sie ist damit eine Aufzählung von gleichwertigen Aussagen. Dabei können nur Dinge zusammenfasst werden, die gleich sind: Äpfel, Birnen und Kirschen können Sie unter dem Begriff „Früchte" zusammenfassen. Eine logische Gruppe finden Sie, wenn Sie die Gemeinsamkeiten von Informationen und Argumenten herausstellen. Die Elemente der logischen Gruppe sind immer Antworten auf die Frage: Mit welchen Argumenten kann die Kernaussage untermauert werden? Katrins Argumente für eine Verschiebung des Termins können zu einer logischen Gruppe zusammengefasst werden.

Die logische Kette: Lassen sich Argumente logisch voneinander ableiten, dann entsteht die sog. logische Kette. Sie ist eine Antwort auf die folgende Frage: Durch welche logische Schlussfolgerung wurde die Kernaussage abgeleitet? Dies zeigt das folgende Beispiel aus der klassischen Logik: „Alle Menschen sind sterblich. Sokrates ist ein Mensch. Also ist Sokrates sterblich."

Die logische Kette besteht aus drei Schritten. Im ersten Schritt machen Sie eine allgemeingültige Aussage über einen Sachverhalt: „Alle Menschen sind sterblich." Dann machen Sie eine weitere Aussage: „Sokrates ist ein Mensch." In der Schlussfolgerung setzen Sie dann die beiden Aussagen in eine Beziehung zueinander: „Sokrates ist sterblich."

Begründung mithilfe der logischen Kette

Mit der logischen Kette kann Katrin begründen, warum es sinnvoll ist, auf die Bitte des Trainers nach einer Terminverschiebung einzugehen: Der Trainer bittet um eine Terminverschiebung. – Die Terminverschiebung kommt uns entgegen. – Wir sollten den Vorschlag des Trainers akzeptieren.

Diese Art der Argumentation nennt man „Dreisatzargumentation". Eine Übersicht über typische Strukturen in einer Dreisatzargumentation gibt Tabelle 5.

Schritt/ Anwendung	Schritt A	Schritt B	Schritt C
Appell	Aktueller Aufhänger	Darstellung	Appell
Lösung	Symptome	Ursachen	Lösungsvorschlag
Soll-Vorstellung	Was war?	Was ist?	Was wird sein?
Entscheidung	Pro	Kontra	Eigene Meinung
Synthese	These	Antithese	Synthese
Nutzenargumentation	Problem	Vorgehen	Kosten/Nutzen

Tabelle 5: Die Dreisatzargumentation gibt Ihren Argumenten eine Struktur.

Konstruieren Sie die logische Struktur einer Pyramide

Die logische Struktur der Pyramide spiegelt die innere Logik des Themas wider. Nicht immer liegt diese jedoch auf der Hand wie im Beispiel von Katrin. Vor allem dann, wenn das Thema umfangreich und komplex ist, muss die Struktur schrittweise entwickelt werden.

Wie das geht, zeige ich ihnen jetzt: Die Pyramide entsteht durch einen fiktiven Dialog. Jede Aussage auf einer Ebene der Pyramide muss dabei eine Frage eines potenziellen Teilnehmers auslösen. Die Frage wird dann durch die Struktur auf der folgenden Ebene beantwortet. Auf diese Weise binden Sie schon bei der Entwicklung der Präsentation die Zuhörer mit ein. *Fiktiver Dialog*

153

Fiktiver Dialog

Bsp.

Katrins Kernaussage ist: „Der Termin wird auf die 40. Kalenderwoche verschoben."

Nach dieser Aussage drängt sich für die Leiter des Entwicklungsbereiches die folgende Frage auf: „Warum wird der Termin verschoben?"

Darauf antwortet Katrin dann mit den folgenden Gründen:

- Das gewünschte Hotel ist nicht frei.
- Der Termin ist für die Teilnehmer ungünstig.
- Der Trainer möchte den Termin verschieben.

Der vollständige Dialog für die Präsentation von Katrin ist in Abbildung 20 dargestellt.

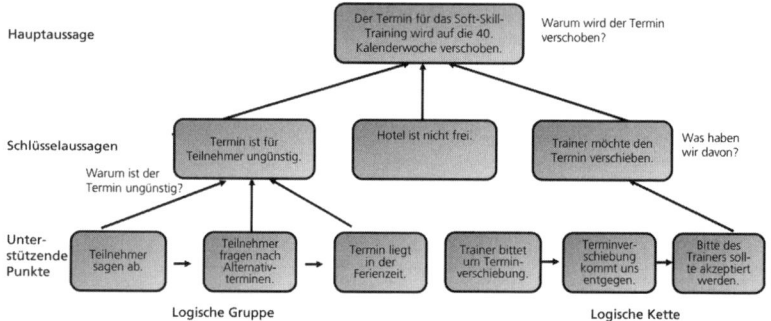

Abbildung 20: Die Pyramidenstruktur entsteht durch einen fiktiven Dialog zwischen Referent und Zuhörer.

Top-down-Vorgehen Wenn die Kernaussage feststeht und diese nur noch untermauert werden muss, dann gehen sie Top-down vor. Haben Sie jedoch nur einzelne Informationen und Argumente, dann ist ein Bottom-up-Vorgehen besser.

Bottom-up-Vorgehen Wäre Katrin Bottom-up vorgegangen, dann hätte sie Folgendes getan: Sie schreibt alle Gründe auf: Hotel ist nicht frei, Teilnehmer bitten um Verschiebung, Trainer bietet Kostensenkung, wenn der Termin verschoben wird. Um zur Kernaussage zu kommen, muss Katrin eine Antwort auf die folgende Frage finden: Was ist allen Gründen gemeinsam? Alle Gründe laufen darauf hinaus, dass es besser ist, den Termin zu verschieben. Ihre Schlussfolgerung lautet also: Der Termin wird verschoben.

Checkliste: So gehen Sie bei der Top-down-Ableitung vor	
Schreiben Sie die Kernaussage der Präsentation in ein Kästchen.	
Formulieren Sie zu dieser Kernaussage dann eine Frage, die die Zuhörer interessieren könnte.	
Formulieren Sie die Schlüsselaussagen für die nächste Ebene und schreiben Sie diese jeweils in ein Kästchen.	
Formulieren Sie zu jeder dieser Schlüsselaussagen eine Frage, die die Zuhörer interessieren könnte.	
Beantworten Sie jede Frage auf der nächsttieferen Ebene der Pyramide mit unterstützenden Aussagen.	
Wiederholen Sie diese Vorgehensweise für jedes Kästchen. Der Frage-Antwort-Dialog ist dann beendet, wenn die letzten Aussagen keine Fragen mehr auslösen.	

Checkliste: So gehen Sie bei einer Bottom-up-Ableitung vor	
Schreiben Sie alle Argumente auf, die Sie anbringen möchten.	
Clustern Sie die Argumente. Dafür gelten folgende Regeln:	
• Inhaltlich zusammengehörende Argumente werden zu einem Cluster zusammengefasst.	
• Cluster mit Aussagen der gleichen Detaillierungstiefe stehen auf einer Ebene.	
• Cluster mit einer größeren Detaillierung stehen auf der darunter liegenden Ebene.	
Ziehen Sie eine Schlussfolgerung: Die Schlussfolgerung fasst alle Cluster in einer Kernaussage zusammen. Dies ist die Kernaussage der Präsentation.	
Beginnen Sie jetzt Top-down mit dem Frage-Antwort-Dialog. Damit wird die bereits Bottom-up entwickelte Struktur nochmals aus einem hierarchischen Blickwinkel heraus überprüft.	

Holen Sie die Teilnehmer mit der Einleitung ab

Wie bei jeder anderen Kommunikationsform gilt auch bei einer Präsentation: Holen Sie Ihre Zuhörer dort ab, wo sie stehen. Beginnen Sie die Einleitung mit etwas, das Ihre Zuhörer kennen. Damit erleichtern Sie es ihnen, das, was Sie präsentieren werden, in ihre Welt einzuordnen. Sie öffnen sozusagen mit der Einleitung eine Schublade, in die der Zuhörer Ihre Information einsortieren kann.

Neugierig und interessiert wird der Zuhörer aber erst, wenn diese Information mit einer Irritation oder etwas Unbekanntem verbunden wird – das ist das Problem, für das Sie dann

Irritation/ Unbekanntes einbauen

155

die Lösung präsentieren. An dieser Stelle sollten sich Ihre Zuhörer die Frage stellen: „Was nun?" Damit schaffen Sie sich dann eine Steilvorlage für Ihren Vorschlag.

Eine gute Einleitung besteht aus drei Teilen:

Situation: Die Beschreibung der Situation beginnt mit einer Aussage, von der Sie annehmen, dass die Zuhörer dieser Aussage zustimmen. Sie werden immer dann zustimmen, wenn sie die Situation kennen. Damit schaffen Sie eine erste gemeinsame Basis mit Ihren Zuhörern.

Problem: Das Problem irritiert die Zuhörer und erzeugt bei ihnen eine Spannung. Sie sollten sich an dieser Stelle fragen: „Wie kann das Problem gelöst werden?"

Die Frage/die Antwort: Das Problem wird zu einer Frage, auf die der Zuhörer eine Antwort haben will. Und diese Antwort geben Sie dann mit Ihrer Präsentation.

Situation – Problem – Frage/Antwort

Für das Beispiel von Katrin könnte die Einleitung die folgende Struktur haben:

- Situation: Wir haben eine Qualifizierung zu Soft Skills im Entwicklungsbereich vereinbart.
- Problem: Das Training konnte bisher noch nicht organisiert werden.
- Frage/Antwort: Wir müssen den Termin verschieben.

Brücke zwischen Bekanntem und Neuem Mit der Einleitung bauen Sie den Teilnehmern eine Brücke: Eine Brücke von ihrem Wissen zu dem, was Sie ihnen vorstellen. Die Reihenfolge: Situation – Problem – Lösung orientiert sich an dem logischen Zusammenhang. Indem Sie die Reihenfolge der Elemente in der Einleitung verändern, können Sie Ihrer Einleitung eine zusätzliche Spannung geben.

Mit der Reihenfolge: Lösung – Situation – Problem führen Sie Ihre Zuhörer direkt zum Thema hin:

1. Lösung: Wir müssen den Termin für das Soft-Skills-Training auf die 40. Kalenderwoche verschieben.

2. Situation: Wir haben zwar mit einem Beschluss den ersten Termin für das Training für das Programm zur Verbesserung der Soft Skills im Entwicklungsbereich festgelegt.

3. Problem: Aber bei der konkreten Planung hat sich herausgestellt, dass wir diesen Termin nicht halten können.

Betroffenheit erzeugen Sie bei Ihren Zuhörern durch die folgende Reihenfolge: Problem – Situation – Lösung.

1. Problem: Bei der Planung des Soft-Skills-Trainings haben wir festgestellt, dass wir den geplanten Termin nicht halten können.

2. Situation: Wir hatten den Termin für die 35. Kalenderwoche festgelegt.

3. Frage/Lösung: Jetzt findet das Training in der 40. Kalenderwoche statt.

Wenn Sie die Zuhörer Ihrer Präsentation aufrütteln wollen, dann ist eine aggressive Form der Einleitung geeignet. Sie entsteht, wenn Sie die Reihenfolge Frage – Situation – Lösung wählen.

1. Frage: Sollen wir das geplante Soft-Skills-Training verschieben?

2. Situation: Wir können das Training nicht zum geplanten Termin durchführen.

3. Lösung: Ich schlage die 40. Kalenderwoche für das Training vor.

Eine Folge von Folien bildet die logische Struktur der Pyramide ab

Für die Zuhörer haben Sie mit der Pyramidenstruktur eine nachvollziehbare und in sich schlüssige Struktur entwickelt. Diese müssen Sie jetzt in eine Reihenfolge von Folien übersetzen. Die Pyramide ist eine logische Struktur. Sie gibt die innere Logik des Themas wieder. Die Präsentation ist eine sequenzielle Darstellung, die den Zuhörer Schritt für Schritt in das Thema hineinführt.

Pyramide in Folienstruktur überführen

Wie die Pyramide in eine Folienfolge übersetzt wird, zeigt Abbildung 21.

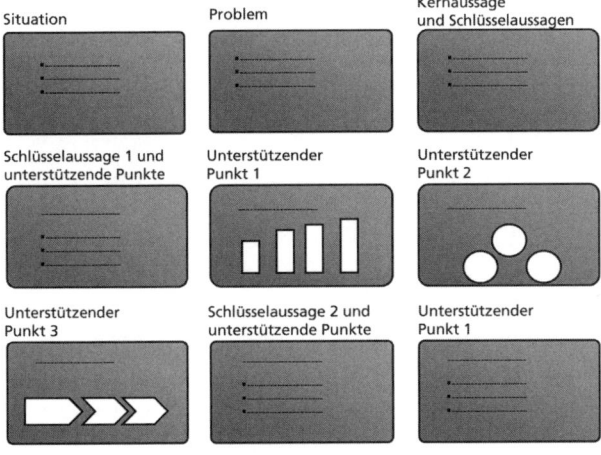

Abbildung 21: Die Folge der Folien bildet die Struktur der Pyramide nach.

157

Checkliste: So kommen Sie zum Ablaufplan der Präsentation	
Erarbeiten Sie die Struktur der Präsentation, bevor Sie beginnen, Folien zu erstellen: Eine Struktur lässt sich viel leichter ändern als ein Satz fertig erstellter Folien.	
Überlegen Sie, ob Frage und Antwort an der Spitze der Pyramide zur Situation in der Einleitung passen: Die Einleitung führt zum Thema hin und lässt eine Frage offen, die Sie dann mit der Präsentation beantworten.	
Verwenden Sie auf der Ebene der Schlüsselaussage an der Spitze der Pyramide, wenn möglich, die logische Gruppe: Logische Gruppen sind vom Zuhörer leichter aufzunehmen als eine logische Kette.	
Beschreiben Sie eine Situation als Ausgangspunkt für eine durchdachte Einleitung: Mit welchem Aspekt wecke ich das größte Interesse bei meinem Publikum? Beschranken Sie sich dabei auf Dinge, denen der Zuhörer zustimmen kann. So beginnen Sie immer mit einer positiven Aussage.	
Schreiben Sie die vollständige Einleitung: Damit erreichen Sie zwei Dinge: Erstens Sie vergessen keinen wichtigen Punkt aus der Einleitung und zweitens können Sie so prüfen, ob die Frage relevant ist, die Sie mit Ihrer Präsentation beantworten.	
Entwickeln Sie die Dramaturgie der Folien: Erstellen Sie sich ein Story Board (siehe unten), in dem Sie die Folien als Reihenfolge darstellen. Der Ablaufplan enthält auch die Aussagen, für die Sie keine Folien verwenden wollen.	
Skizzieren Sie den visuellen Ablauf auf der Folie: Zeichnen Sie die Abfolge der Präsentation als Reihenfolge von Kästchen. In diese schreiben Sie die Punkte, die Sie veranschaulichen möchten.	
Entwerfen Sie Überschriften für die Folien: Die Überschriften geben den Kern der Aussage der Folie wieder. Mit ihnen schreiben Sie die Geschichte der Präsentation. Damit wird die Logik Ihrer Darstellung deutlich.	

Titel für die Präsentation Am Ende Ihrer konzeptionellen Überlegungen suchen Sie nach einem Titel für Ihre Präsentation. Ein guter Titel gibt den Inhalt der Präsentation wieder und verrät gleichzeitig noch etwas über deren Ziel. Durch den Titel sollen Ihre Zuhörer eine erste Vorstellung davon bekommen, worum es in Ihrer Präsentation geht. Damit wecken Sie das Interesse der Teilnehmer.

Ablauf als Story Board Der Ablauf der Präsentation wird in einem sog. Story Board dokumentiert. Es ist nach den Phasen der Präsentation gegliedert und enthält die Reihenfolge der Punkte, die angesprochen, die Folien, die dazu gezeigt werden und Anmerkungen für den Ablauf.

Es enthält alle wichtigen Argumente und, wenn es erforderlich ist, auch wörtliche Formulierungen. Im Story Board sollten die Teile markiert werden, die unbedingt darzustellen sind, diejenigen, auf die verzichtet werden kann, die aber vorgetragen werden sollten, und solche, die ohne größeren Einfluss auf das Präsentationsziel weggelassen werden können.

Ein Muster für das Story Board finden Sie auf der CD.

Visualisierungen erhöhen die Aufnahmefähigkeit

„Gute Präsentationen sind gut visualisierte Präsentationen", sagt Uwe Scheler, Gründer des Instituts Vortragstrainig, denn Visualisierungen unterstützen das Wort, erhöhen die Aufmerksamkeit und machen die Präsentation interessant.

Merksatz: Visualisierung
Visualisierung kommt von visuell – das Sehen betreffend. Es sind bildhafte Darstellungen, mit denen meist komplexe Inhalte veranschaulicht werden. Visualisieren bedeutet: Überflüssige Aussagen und Elemente werden weggelassen, um die Komplexität zu reduzieren. Außerdem werden Elemente hinzugefügt, um Sachverhalte interessanter zu machen und damit die Aufmerksamkeit des Betrachters zu erhöhen.

Nutzen Sie die Stärken Ihrer beiden Gehirnhälften

Vor 150 Jahren machten Ärzte eher zufällig eine bahnbrechende Entdeckung. Sie durchtrennten bei Epilepsiepatienten den Corpus collossum, den Nervenstrang, der beide Gehirnhälften verbindet. Diesen Patienten zeigten sie auf einem Schirm zwei Gegenstände: auf der rechten Seite war ein Messer abgebildet, auf der linken Seite ein Löffel. Als die Patienten gefragt wurden, welchen Gegenstand sie gesehen hätten, sagten sie: einen Löffel. Als man sie bat, den Gegenstand aus einer Menge anderer Gegenstände herauszusuchen, griffen sie nach einem Messer. Aus diesem Experiment konnte nur eine Schlussfolgerung gezogen werden: Wir haben nicht nur zwei Gehirnhälften, diese beiden Hälften funktionieren auch noch auf zwei unterschiedliche Arten und Weisen.

Die linke ist für das Logische und Sprachliche zuständig und die rechte Gehirnhälfte für das Bildhafte und Emotionale. Beide Gehirnhälften nehmen Informationen unabhängig voneinander auf und beide können auch unabhängig voneinander arbeiten.

Funktionen der Gehirnhälften

Die beiden unterschiedlichen Funktionen des Gehirns werden als L- und R-Modus (linker und rechter Modus) bezeichnet. R- und L-Modus ergänzen sich in ihren Funktionen. Während der L-Modus für die sprachlich-logische Bearbeitung von Sachverhalten sorgt, ist der R-Modus dafür da, bildhafte und ganzheitliche Informationen aufzunehmen.

In der Tabelle 6 sind die unterschiedlichen Funktionen beider Gehirnhälften gegenübergestellt.

Linke Gehirnhälfte	Rechte Gehirnhälfte
Verbal: Dinge werden durch Wörter beschrieben, bezeichnet und definiert.	**Nonverbal:** Dinge werden konkret und bildhaft wahrgenommen.
Analytisch: Die Wahrnehmung ist in Teile zergliedert.	**Synthetisch:** Eine Wahrnehmung wird als Ganzes erfasst.
Symbolisch und abstrakt: Symbole, Zeichen und Metaphern werden zu Repräsentanten und Stellvertretern für die gesamte konkrete Wahrnehmung.	**Konkret:** Die Wahrnehmung ist immer konkret.
Zeitlich: Das Denken vollzieht sich nacheinander.	**Räumlich:** Teile werden im Verhältnis zu anderen Dingen wahrgenommen.
Rational: Schlussfolgerungen werden auf der Basis von Fakten gezogen.	**Intuitiv:** Entscheidungen werden intuitiv getroffen. Bilder, Modelle und Systeme werden durch plötzliche Eingebung erkannt.
Digital und logisch: Das Denken erfolgt in Ja- und Nein-Kategorien. Schlussfolgerungen werden aufgrund von logischen Gesetzen getroffen.	**Ganzheitlich:** Das Ganze wird auf einmal wahrgenommen.

Tabelle 6: Der L-Modus der linken Gehirnhälfte ergänzt den R-Modus der rechten Gehirnhälfte.

Die rechte Gehirnhälfte nimmt viele Informationen auf, die uns gar nicht bewusst sind.

Übung: Stellen Sie sich eine bekannte Strecke vor

Machen Sie folgendes Experiment. Nehmen Sie als Beispiel eine Strecke, die Sie oft fahren oder gehen, wie Ihren Weg zur Arbeit. Schreiben Sie auf einem Blatt nacheinander die Dinge auf, die Ihnen dazu einfallen.

Auf dem Blatt haben Sie wahrscheinlich jetzt eine detaillierte Wegbeschreibung. Die rechte Gehirnhälfte hat Ihre Wegstrecke sehr genau und mit sehr vielen Einzelheiten abgespeichert. Dessen waren Sie sich jedoch vielleicht bis jetzt noch gar nicht bewusst.

Präsentationen sind deshalb so wirkungsvoll, da mit ihnen die beiden Gehirnhälften der Zuhörer optimal angesprochen werden: Die logische Darstellung des Inhalts und die dazugehörige Visualisierung ergänzen sich ideal. In der Präsentation erhält die linke Gehirnhälfte Zahlen, Daten und Fakten in einer nachvollziehbaren Logik und die rechte Gehirnhälfte wirkungsvolle Unterstützung mit bildhaften und emotionalen Elementen.

Gut visualisieren zu können ist keine Kunst, sondern ein Handwerk. Es ist die Fähigkeit, komplexe, mit Worten und Sätzen nur schwer beschreibbare Sachverhalte so darzustellen, dass man sie auf den ersten Blick versteht. Aus der Erfahrung haben sich bestimmte Gestaltungselemente für die verschiedenen Sachverhalte bewährt. Diese sind:

- Textfolien für die Aufzählung von Sachverhalten
- Diagramme für die Darstellung von Zahlen, Daten und Fakten
- Listen, Tabellen, Matrizen, Netze und Bäume, um Zusammenhänge aufzuzeigen
- Grafiken zur Darstellung komplizierter Sachverhalte
- Bilder und Symbole, um Emotionen anzusprechen

Abbildung 22 zeigt Beispiele für diese Formen der Visualisierung.

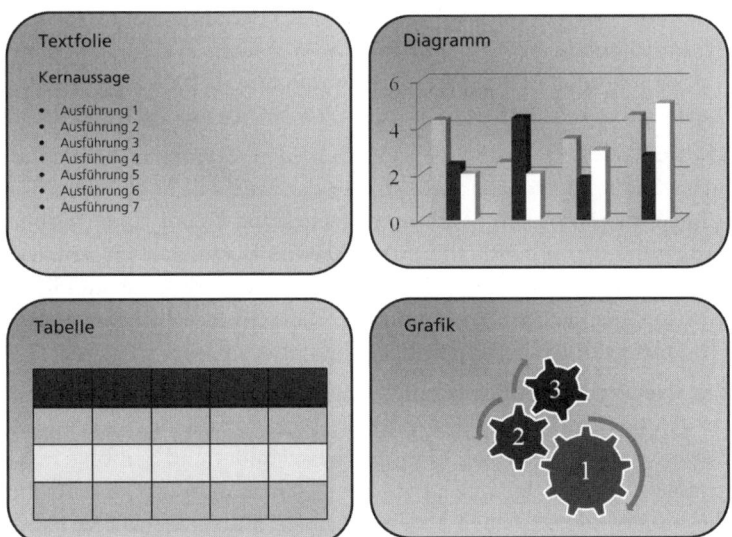

Abbildung 22: Visualisierungen bringen Ihre Aussagen auf den Punkt.

Textfolien: Die besten Textfolien vermitteln Ihre Aussagen so einfach und schlicht wie nur möglich. Die Visualisierung des Textes hat nur eine Funktion: Die Kernaussagen werden besonders hervorgehoben. Ein Text als Visualisierung muss wie ein Bild aufgenommen werden können. Er wird nicht gelesen, sondern mit einem Blick erfasst.

Diagramme: Immer wieder müssen Zahlen präsentiert werden. Auslastung der Mitarbeiter, Verbrauch der Mittel, Einnahmen und Ausgaben usw. Immer dann, wenn Zahlen übersichtlich dargestellt werden müssen, bieten sich Kurven-, Säulen-, Kreis- oder Tortendiagramme als Darstellungsform an. Sie bringen bildlich die wesentlichen Aussagen auf den Punkt.

Listen, Tabellen, Matrizen, Netze und Bäume: Mit Darstellungsformen wie Listen, Tabellen, Matrizen, Netzen und Bäumen können Aussage optisch für den Zuhörer strukturiert werden. Dies erleichtert ihm, die Informationen in bekannte Strukturen einzuordnen. Listen und Tabellen eignen sich gut, wenn umfangreiches Zahlenmaterial übersichtlich dargestellt werden muss.

Matrizen: Matrizen sind eine Sonderform einer Tabelle und werden
Sonderform der dann eingesetzt, wenn zwei Aussagen verknüpft oder zugeord-
Tabelle net werden sollen. In die Titelspalten bzw. Zeilen der Tabelle schreibt man die Aussagen. Die Verknüpfungen werden in den Knotenpunkten von Zeilen und Spalten eingetragen. Die Verknüpfungen oder Zuordnungen werden durch Kreuze, Kreise oder andere Symbole dargestellt. Mit Bäumen werden Verzweigungen visualisiert. Die bekannteste Form der Baumdarstellung ist der Stammbaum. Mit Netzen lassen sich die gegenseitigen Abhängigkeiten der Elemente besonders gut darstellen.

Grafiken: Grafiken machen es möglich, den Zuhörern große Datenmengen und komplizierte Sachverhalte darzustellen. Mit ihnen können Vorgänge, hierarchische Strukturen, technische Details und Wirkungszusammenhänge verdeutlicht werden. Die Funktion einer Maschine oder eines Ablaufs wird durch eine Zeichnung oft viel leichter verständlich als durch eine ausführliche Beschreibung. Eine Grafik wirkt nur, wenn sie die Botschaft auf einen Blick verständlich übermittelt.

Bilder und Symbole: Bilder und Symbole sprechen den rechten, emotionalen Teil des Gehirns an. Ihre Wirkung ist nicht rational, sondern unterschwellig, emotional und oft nicht erklärbar. Bilder und Symbole müssen sorgfältig auf die Zielgruppe abgestimmt sein. Ein Vorstand wird durch Bilder anders angesprochen als eine Gruppe junger Softwareentwickler. Jedoch mit dem richtigen Bild und einem Symbol, das bei allen positiv besetzt ist, kann die Wirkung um ein Vielfaches erhöht werden.

Tipp: Datenbank mit nützlichen grafischen Elementen
Legen Sie sich eine Datenbank von Symbolen, grafischen Gestaltungselementen und Bildern an. Für Bilder gibt es zahlreiche Anbieter von Fotokatalogen im Internet wie zum Beispiel: www.fotomarktplatz.de, www.fotos.de, www.picsearch.de. Viele Suchmaschinen bieten auch die Möglichkeit, gesondert nach Bildern zu suchen.

Entwickeln Sie ein visuelles Konzept

„Ein Bild sagt mehr als tausend Worte", lautet ein chinesisches Sprichwort. Aber viele Bilder, vor allem dann, wenn sie unterschiedlich gestaltet sind, verwirren den Zuhörer. Bilder unterstützen eine Präsentation nur dann, wenn sie ihm helfen, den Inhalt besser zu verstehen und zu behalten.

Bilder gezielt einsetzen

Ein visuelles Konzept legt die Elemente für eine einheitliche Gestaltung der Präsentation fest. Damit erhält sie einen einheitlichen Stil. Trotz aller gewollten Unterschiede in der Gestaltung der einzelnen Folien entsteht dadurch für den Zuhörer ein Gesamteindruck.

Einheitliche Gestaltung

Im visuellen Konzept werden folgende Elemente beschrieben:

Erkennungszeichen: Im Allgemeinen ist es ein Logo. Es muss das Thema visuell auf den Punkt bringen und die Teilnehmer emotional ansprechen.

Hintergrund: Bei einer Präsentation müssen der Hintergrund und das Thema der Präsentation übereinstimmen. Er bestimmt die Grundstimmung der Präsentation.

Schrift: Wählen Sie für alle Folien nur eine Schrift. Diese sollte plakativ, klar, serifenlos und gut lesbar sein. Durch die Schriftgröße geben Sie den Inhalten eine Bedeutung. Große Schrift heißt: Das ist wichtig. Kleine Schrift bedeutet: Dies ist ein Zusatz oder eine Anmerkung. Da der Zuhörer zuerst die große Schrift wahrnimmt, fällt das Wichtigste sofort ins Auge.

Grafische Hilfsmittel: Kreise, Pfeile oder Linien geben der Präsentation die Struktur und helfen dem Zuhörer, sich zu orientieren.

Farbgestaltung: Folien wirken durch ihre Farben. Damit kein buntes Durcheinander entsteht, sollten Sie sich konsequent auf ein Farbschema festlegen. Legen Sie sich eine überschaubare, zusammenfassende Farbpalette an. Die Farbpalette sollte Farben mit hohem Farbkontrast (Rot, Gelb) und Farben mit Komplementärkontrast (Grün und Magenta) enthalten.

Tipp: Eigenes Konzept ist Ihr Markenzeichen

Entwickeln Sie Ihr eigenes visuelles Konzept. Es ist Ihr Markenzeichen. Dies geht auch dann, wenn Sie das visuelle Konzept des Unternehmens nutzen. Nur ist hier Ihr Gestaltungsspielraum kleiner. Das eigene visuelle Konzept hat noch einen weiteren Vorteil: Sie müssen nicht bei jeder Präsentation von Neuem überlegen, welchen Hintergrund Sie verwenden, welche Schrift und welche grafischen Elemente.

Vor dem Verstehen kommt das Verstandenwerden

Der Referent beginnt zu sprechen. Die Teilnehmer sind leise und hören gespannt zu. Es ist ein interessantes Thema. Die Teilnehmer aus der letzten Reihe machen nach einiger Zeit Zeichen. Sie bedeuten: Der Referent soll lauter sprechen. Nach fünf Minuten nimmt sich ein Teilnehmer den Mut und meldet sich: „Können Sie nicht etwas lauter sprechen?"

Erst dann, wenn Sie verstanden werden, können die Teilnehmer Ihre Präsentation verstehen. Referenten, vor allem, wenn sie nur gelegentlich präsentieren, sind sich nicht bewusst, wie ihre Stimme wirkt.

Setzen Sie Ihre Stimme bewusst ein

Stimmlage, Sprechtempo, Betonung, Lautstärke und Klangfarbe der Stimme beeinflussen, wie Ihre Botschaft beim Empfänger ankommt. Achten Sie nicht nur darauf, was Sie sagen, sondern auch darauf, wie Sie es sagen. An der Reaktion Ihres Gesprächspartners merken Sie, wie Ihre Worte ankommen. Setzen Sie ganz bewusst, Betonung, Lautstärke, Stimmlage und Sprechtempo ein.

Die Lautstärke: Sie ist dann richtig gewählt, wenn die Teilnehmer in der letzten Reihe Sie ohne Mühe verstehen können. Bei sehr großen Räumen und vielen Teilnehmern sollten Sie ein Mikrofon benutzen.

Modulation: Durch das Auf und Ab der Stimmführung wirkt Ihre Rede lebendig. Dagegen wirkt eine gleichmäßige Modulation eintönig und ermüdend. Modulieren Sie wichtige Stellen, z. B. durch das Anheben der Stimme.

Das Tempo: Das Sprechtempo sollte so gewählt werden, dass die Teilnehmer der Präsentation gut folgen können. Durch Tempoveränderungen werden Vorträge farbiger und lebendiger. Durch das Sprechtempo können Sie auch Spannung erzeugen. Diese entsteht, wenn Sie erst langsam sprechen und dann das Sprechtempo beschleunigen. Insbesondere zu Beginn der Präsentation müssen die Teilnehmer sich an Ihre Stimme gewöhnen. Bewährt hat sich hier, mit einer normalen Stimmlage zu beginnen und langsam zu sprechen.

Sprechpausen: Kurze Sprechpausen sind ein wichtiges Element. Sie gliedern den Vortrag in Abschnitte und erzeugen damit eine Struktur. Sie regen die Zuhörer zum Denken an und erzeugen zusätzlich Spannung.

Übung: Zungenbrecher

Auf der CD finden Sie eine Sammlung von sog. Zungenbrechern. Diese sind eine Aneinanderreihung ähnlicher Wörter, die aufeinanderfolgen und sich in bestimmten Silben unterscheiden. Üben Sie jeden Tag einen Zungenbrecher, bis Sie ihn perfekt können. Wichtig dabei ist, dass Sie die Zungenbrecher laut lesen oder sprechen. Modifizieren Sie dabei Sprechtempo und Modulation.

Auf der CD finden Sie eine Zusammenstellung von Zungenbrechern, mit denen Sie Ihre Aussprache üben können.

Checkliste: So steigern Sie Ihre akustische Wirkung	
Sprechen Sie so laut, dass die Teilnehmer in der letzen Reihe alles gut verstehen können.	
Achten Sie auf eine deutliche Aussprache und eine gute Artikulation der Worte.	
Passen Sie Ihr Sprechtempo den Zuhörern an.	
Verwenden Sie einen einfachen Satzbau und kurze Sätze.	
Verwenden Sie Fachbegriffe nur dann, wenn Sie von den Zuhörern auch verstanden werden.	

Die Diskussion nach der Präsentation klärt offene Fragen

Eine Präsentation ist wie ein Biathlon. Wenn der Skilanglauf beendet ist, dann beginnt das Präzisionsschießen. Wenn Sie Ihre Präsentation beendet haben, dann müssen Sie als Moderator und Experte gleichzeitig die Diskussion steuern, Fragen beantworten und kritische Einwände entkräften. *Mehrere Aufgaben müssen erfüllt werden*

Während der Präsentation können die Teilnehmer meistens nur zuhören. Nach der Präsentation kommen die aufgeschobenen Fragen, die unterdrückten Einwände und manchmal auch die aufgestauten Aggressionen zum Vorschein. *Fragen, Einwände, Aggressionen*

Merksatz: Diskussion am Präsentationsende

Mit der Diskussion am Ende der Präsentation werden offene Fragen geklärt und die Meinungen der Teilnehmer zum Thema sichtbar gemacht. Für den Referenten ist sie ein wichtiges Feedback darüber, was die Teilnehmer verstanden haben.

Rollenwechsel Beim Übergang von der Präsentation zur Diskussion wechseln Sie Ihre Rolle: Sie werden vom Experten, der ein Thema vorstellt zum Moderator einer Diskussion. Machen Sie den Teilnehmern durch einen Positionswechsel im Raum bewusst, dass jetzt eine neue Phase beginnt. Diesen Wechsel können Sie deutlich machen, indem Sie sich an einen anderen Ort stellen, eine Flipchart für die Beantwortung von Fragen in die Mitte rücken oder sich setzen.

Einstieg in die Diskussion „Jetzt haben Sie Gelegenheit, Fragen zu stellen und die präsentierten Inhalte zu kommentieren." Mit diesem oder einem ähnlichen Satz kündigen Sie die Diskussion an und stecken den Rahmen dafür ab. Wenn Sie vermuten, dass die Teilnehmer eher etwas zögerlich sind, können Sie die Diskussion mit einer Frage wie der folgenden einleiten: „Wie stehen Sie zu den präsentierten Lösungswegen?"

Tipp: Kündigen Sie die Diskussion an

Ihre letzte Folie sollte immer die Diskussion ankündigen. Die einfachste und wirkungsvollste Form dazu ist eine Folie mit dem Satz: „Ihre Fragen bitte!"

Auf der CD finden Sie eine Liste, in der die Möglichkeiten für die Diskussionseröffnung nach der Präsentation zusammengestellt sind.

Nehmen Sie bewusst die Rolle als Diskussionsleiter ein

Die Diskussionsleitung nach einer Präsentation ist ein Balanceakt. Auf der einen Seite sind Sie der neutrale Moderator, der dafür sorgt, dass die Teilnehmer mit allen ihren Fragen, Anmerkungen und Einwänden zu Wort kommen. Auf der anderen Seite sind Sie aber auch der parteiische Vertreter Ihres Themas, der seinen Standpunkt verteidigen muss.

Stringente Gestaltung Gestalten Sie die Diskussion stringent. Beantworten Sie Fragen kurz und präzise, verstricken Sie sich nicht in Zwiegespräche mit einem Teilnehmer und geben Sie vor allem den Teilnehmern durch Ihre Beiträge keinen Anlass zu weiteren Einwänden. Ziel der

Diskussion ist es, offene Themen abzurunden und nicht neue Themen in die Diskussion zu bringen. Bei speziellen Fragen, die nicht im Plenum beantwortet werden können, sollte man den Fragesteller zu einem Vieraugengespräch nach der Präsentation einladen.

Die Diskussion wird sowohl auf der Sachebene wie auch auf der Beziehungsebene gelenkt. Behalten Sie immer beide Ebenen im Blick. Durch die Diskussion auf der Sachebene werden die Inhalte klarer und durch die Diskussion auf der Beziehungsebene werden Missstimmungen ausgeglichen und positive Aspekte verstärkt.

Sach- und Beziehungsebene

Die Visualisierung der Fragen und der Antworten in Stichpunkten auf einer Folie oder einer Flipchart hilft, die Diskussion zu strukturieren und deren Ergebnisse zu sichern. Offensichtlich nicht verstandene Punkte können durch Zurückgreifen auf bereits gezeigte Folien oder Flipcharts wiederholt werden. Bei heiklen Einwänden kann man sich dadurch Zeit verschaffen, dass man erst einmal noch weitere Fragen notiert, bevor die schwierige Frage beantwortet wird.

Checkliste: So steuern Sie die Diskussion

Halten Sie Blickkontakt mit den Zuhörern. Bei kleinen Gruppen ist es besser, sich bei der Diskussion zu setzen, damit Sie die gleiche Augenhöhe mit den Teilnehmern haben.	
Sprechen Sie die Teilnehmer mit Namen an, wenn Sie diese kennen oder die Teilnehmer Namensschilder haben.	
Bündeln Sie Fragen und Einwände. Strukturieren Sie die Diskussion nach Teilthemen, wenn der Umfang der zu besprechende Themen zu groß ist.	
Fragen Sie nach, wenn Diskussionsbeiträge unverständlich oder unklar sind.	
Stellen Sie klar, dass vom Thema abweichende Fragen und Einwände nicht beantwortet werden können. Geben Sie, wenn möglich, einen Hinweis darauf, wer diese Fragen oder Einwände beantworten kann.	
Geben Sie zurückhaltenden Teilnehmern die Chance zur Stellungnahme.	
Lassen Sie die Teilnehmer ausreden, aber unterbrechen Sie monologisierende Teilnehmer. Tun Sie dies freundlich, aber bestimmt.	
Lassen Sie sich nicht provozieren. Konfrontationen können Sie vermeiden, indem Sie Fragen stellen. Führen Sie auf keinen Fall ein Streitgespräch.	
Achten Sie auf die Zeit und kündigen Sie das Ende der Diskussion an.	

Beantworten Sie jede Frage Ihrer Teilnehmer

„Es gibt keine falschen Fragen, sondern nur falsche Antworten" ist ein beliebter Spruch. Abgewandelt gilt er auch für die Fragen zu Ihrer Präsentation. Es gibt keine unberechtigten Fragen, sondern nur den ungeschickten Umgang damit. Eine Frage, die Sie nicht beantworten können, sollten Sie weder abwimmeln – „Das gehört nicht hierher" – noch durch eine fadenscheinige Aussage beantworten. Keiner wird von Ihnen erwarten, dass Sie alle Fragen zu 100 % beantworten. Wenn Sie zu einer Frage nichts sagen können, geben Sie dies offen zu: „Hierauf habe ich jetzt keine Antwort." Bieten Sie dann dem Frager eine Möglichkeit an, wie er eine Antwort auf seine Frage bekommen könnte.

Dazu haben Sie die folgenden Möglichkeiten:

* Antwort zu einem späteren Zeitpunkt: „Ich maile Ihnen die Antwort innerhalb der nächsten zwei Tage."

* Frage an die anderen Teilnehmer: „Kann jemand der Anwesenden die Frage beantworten?"

* Verweis auf Experten: „Die Expertin für dieses Thema ist Frau ..."

* Blick in die Unterlagen: „Ad hoc kann ich die Frage nicht beantworten. Aber lassen Sie mich kurz in meine Unterlagen sehen."

* Rückfrage: „Eine interessante Frage: Welche Antwort würden Sie geben?"

Entkräften Sie die Einwände der Teilnehmer

Begreifen Sie Einwände nicht als Störung. Ein Teilnehmer, der eine Frage hat oder einen Einwand vorbringt, ist Ihrer Präsentation aufmerksam gefolgt. Dabei hat er etwas nicht verstanden oder ist anderer Meinung als Sie. Einwände unterscheiden sich von Fragen dadurch, dass mit ihnen meist unterschwellig Kritik oder eine konträre Position zu den Aussagen der Präsentation verbunden sind.

> **Tipp: Einwand ernst nehmen und sachlich reagieren**
>
> Nehmen Sie bei einem Einwand immer die folgende Haltung ein: Der Teilnehmer hat subjektiv recht und gute Gründe, diesen Einwand vorzubringen. Fragen Sie sich dann: Mit welchen sachlichen Argumenten kann ich auf den Einwand reagieren?

Jeder wünscht sich, einen Einwand wie aus der Pistole geschossen kontern zu können. Dies klappt, wenn Sie sich auf mögliche Einwände vorbereitet haben. Machen Sie vor der Präsentation ein kleines Brainstorming, vielleicht auch mit der Unterstützung von Kollegen. Hier kommen dann meist die wichtigsten Einwände zusammen. Daraus erstellen Sie dann eine Liste aller Einwände. Dann notieren Sie zu jedem Einwand Ihre Reaktion und Antwort darauf.

Bei allen anderen Einwänden werden Sie mit einer Meinung konfrontiert, die Sie mehr oder weniger aus dem Konzept bringt. Sie müssen deshalb erst einmal etwas Zeit gewinnen, um mit einem guten Argument auf den Einwand zu reagieren.

Bevor Sie in der Diskussion auf einen Einwand eingehen, versuchen Sie ihn erst zu verstehen. Sachlich müssen Sie ergründen, was der Kern des Einwands ist und welches Ziel der Teilnehmer damit verfolgt. Auf der emotionalen Ebene analysieren Sie, welche Motive dem Einwand zugrunde liegen.

Einwand verstehen

Checkliste: So reagieren Sie auf einen Einwand	
Nehmen Sie Blickkontakt mit dem Zuhörer auf, der den Einwand äußert. Damit geben Sie ihm zu verstehen, dass Sie zuhören.	
Wiederholen Sie seinen Einwand kurz. Damit spiegeln Sie ihm zurück, was Sie davon verstanden haben.	
Machen Sie eine kurze Pause. Damit signalisieren Sie dem Teilnehmer, dass Sie sich mit dem Einwand auseinandersetzen. Sie können diese Pause auch bewusst ansprechen: „Lassen Sie mich kurz überlegen, wie ich Ihnen hierauf am besten antworten kann."	
Stellen Sie eine Rückfrage. Damit erhalten Sie zusätzliche Informationen und zwingen den Teilnehmer, sich nochmals mit seinem Einwand auseinanderzusetzen und ihn zu präzisieren und zu konkretisieren. Zudem verschafft Ihnen die Rückfrage die notwendige Zeit, um eine passende Antwort zu finden. Eine zu schnelle Rückfrage oder Antwort erweckt den Eindruck, dass Sie mit Standardformulierungen arbeiten.	

Auf der CD sind in einem Merkblatt die Möglichkeiten für eine Reaktion auf Einwände und Störungen zusammengestellt.

Reagieren Sie professionell auf Störungen

Immer wieder gibt es sie: Besserwisser und Vorgesetzte, die ständig unterbrechen, oder Teilnehmer, die Privatgespräche führen. Wer bei diesen Störungen die Fassung verliert, hat die

Rechnen Sie mit Störungen

169

Wirkung auch der besten Präsentation verspielt. Mit Störungen müssen Sie immer rechnen. Dabei sollten Sie jedoch auf Ihre professionelle Reaktion auf diese Störungen zählen können.

Störer emotio-
nalisieren
Diskussion
Teilnehmer haben die unterschiedlichsten Motive, um den Referenten oder das Thema in ein ungünstiges Licht zu rücken. Alle Taktiken, die Teilnehmer dazu nutzen, zielen darauf ab, die Diskussion zu emotionalisieren. Auf der sachlichen Ebene werden Meinungen als Tatsachen ausgegeben, Fakten bestritten oder hypothetische Annahmen gemacht. Auf der emotionalen Ebene wird der Referent persönlich angegriffen, seine Fachkompetenz bestritten oder er wird in unfairer Weise mit seiner eigenen Meinung konfrontiert.

Spielregeln
vereinbaren
Bevor die erste Störung auftritt, können Sie dieser schon entgegentreten, wenn Sie für Ihre Präsentation Spielregeln vereinbaren. Die wichtigste Spielregel heißt dabei: Verständnisfragen sofort, inhaltliche Fragen und Einwände nach der Präsentation. Diese Spielregel können Sie auf einer Flipchart visualisieren oder durch eine Formulierung wie die folgende ankündigen: „Bitte stellen Sie Verständnisfragen sofort während der halbstündigen Präsentation. Alle weiteren Fragen oder auch Einwände bitte ich Sie bis zum Ende der Präsentation aufzuschieben. Dort haben wir noch eine Viertelstunde Zeit, diese ausführlich zu diskutieren."

Halten Sie sich selbst jedoch auch an diese Spielregeln. Wenn ein Teilnehmer versucht, die Spielregeln zu brechen, dann spielen Sie nicht mit. Beantworten Sie während der Präsentation nur Verständnisfragen. Sollte ein Teilnehmer eine inhaltliche Frage stellen, dann notieren Sie diese auf der Flipchart. Sie können dies dann etwa so kommentieren: „Dies ist eine wichtige Frage. Ich notiere sie, damit wir sie in der Diskussion wieder aufgreifen können."

Tipp: So gehen Sie mit Zwischenfragen um

Zwischenfragen werden oft gestellt, weil Teilnehmer schon vorausdenken. Ihre Frage bezieht sich auf etwas, was in der Präsentation noch behandelt wird. Machen Sie für die Teilnehmer die Gliederung der Präsentation immer sichtbar. Sei es auf einer Flipchart oder am Rand der Folien.

Problem:
Co-Referenten
Die häufigsten Störer bei Präsentationen sind selbsternannte Co-Referenten, die den anderen Teilnehmern zeigen wollen, was sie von dem Thema wissen: Chefs, die zeigen müssen, dass sie das Sagen haben, Teilnehmer, die sich nicht für die Präsentation interessieren, und solche, die Sie persönliche angreifen.

Unbekannte selbsternannte Co-Referenten im Publikum erkennen Sie daran, dass sie ihre Frage selbst beantworten oder die Frage durch eine ausführliche Erklärung einleiten. Mit beidem machen sie ihre eigene Meinung zum Gegenstand der Diskussion. Lassen Sie sich nicht darauf ein, denn damit geraten Sie aus dem Mittelpunkt der Veranstaltung.

Suchen Sie nach einem Weg, sich wieder ins Spiel zu bringen. Dazu haben Sie die folgenden Möglichkeiten:

- Unterbrechen Sie den Teilnehmer: „Entschuldigen Sie, dass ich Sie unterbreche: Wie lautet Ihre Frage konkret?"

- Nehmen Sie das Stichwort auf und führen Sie es selbst weiter: „Das ist ein gutes Stichwort. Hierzu sage ich ..."

- Bitten Sie den Frager nach vorne: „Bitte kommen Sie nach vorne und erläutern Sie von hier aus Ihren Standpunkt." Da Sie ihm diese Rolle zugewiesen haben, können Sie ihn dann jederzeit auch wieder daraus entlassen: „Vielen Dank für Ihre Ausführungen. Wir haben jetzt Ihre Position verstanden und ich möchte jetzt ..."

Der eigene Chef gehört oft zu den schwierigsten Teilnehmern. Chefs können es oft nicht aushalten, dass einer ihrer Mitarbeiter einen Standpunkt vorträgt, zu dem auch sie ihre Meinung äußern möchten. Sie sehen dabei nicht, dass sie ihren Mitarbeiter in eine schwierige Situation bringen. Sie können Ihren Chef nicht als normalen Teilnehmer behandeln, aber tun Sie es nicht, dann verlieren Sie die Kontrolle. Hier haben Sie oft nur die Möglichkeit, Ihren Chef ausreden zu lassen und dann durch eine kurze Antwort wieder den Faden aufzunehmen: „Wenn Sie damit einverstanden sind, würde ich diesen Punkt am Ende der Präsentation behandeln. Darf ich jetzt fortfahren?" Wenn sich Ihr Chef absolut nicht stoppen lässt, überlassen Sie ihm die Bühne und fahren Sie erst fort, wenn er Sie dazu auffordert. Überspringen Sie die Teile der Präsentation, die bereits dargestellt wurden. Bleiben Sie freundlich. Versuchen Sie mit Ihrer Mimik und Gestik nicht zu zeigen, dass Sie eigentlich beleidigt sind.

Schwieriger Umgang mit dem Chef

Unaufmerksame Teilnehmer sind unüberseh- und unüberhörbar. Sie unterhalten sich, lassen das Handy klingeln, lesen in ihren Unterlagen, beantworten Mails mit dem Laptop oder schlafen ein. Die Aufmerksamkeit dieser Teilnehmer ist woanders. Unaufmerksame Teilnehmer können Sie wieder ins Boot holen, wenn Sie mit ihnen Blickkontakt aufnehmen und die Präsentation für einige Minuten nur für diese Teilnehmer halten. Damit ziehen Sie auch die Aufmerksamkeit der anderen Teilnehmer auf die Störer.

Diese sanfte „Gegenstörung" funktioniert aber nicht, wenn

Gegenstörung sich von zehn Teilnehmern acht unterhalten oder etwas anderes tun. Hier müssen Sie das Interesse Ihres Publikums wieder zurückgewinnen. Das Grundprinzip aller Techniken dazu ist folgendes: Sie unterbrechen Ihre Präsentation und schieben eine kleine Einlage ein. Dies ist eine Art Gegenstörung. Sie stören die Teilnehmer bei ihrer Beschäftigung. So haben Sie wieder die Aufmerksamkeit. Gleichzeitig müssen Sie die Teilnehmer durch Ihren Einschub auch wieder zum Thema der Diskussion führen.

 Auf der CD sind in einem Merkblatt verschiedene Möglichkeiten von Aufmerksamkeitsweckern zusammengestellt.

Ihr Auftritt ist die Quelle der Begeisterung

Sie kennen die Bilder von erfolgreichen Rednern und Präsentatoren: Ein Mensch steht auf der Bühne, er redet und gestikuliert. Wie von einer unsichtbaren Hand ergriffen folgen die Zuhörer seiner Rede und können dennoch am Ende der Präsentation nur wenig von dem wiederholen, was der Redner in der Sache gesagt hat. Die Menschen im Publikum sind begeistert, wissen aber nicht warum. Dieses Beispiel zeigen: Der Mittelpunkt der Präsentation sind Sie als Redner. Durch die Art und Weise, wie Sie vortragen, nehmen Sie die Menschen für sich ein.

Reden vor Doch Reden vor einem Publikum fällt vielen Menschen
Publikum – für schwer. Auch Ihnen? Dies ist nichts Außergewöhnliches. Viele
viele schwierig berufliche Situationen sind für uns zunächst ungewohnt – an das Reden vor Publikum sind wir aber besonders wenig gewöhnt. Lernsituationen, in denen wir dies üben konnten und üben können, sind eher rar. Reden fällt schwer, weil es eine ungewohnte Situation ist.

Merksatz: Körpersprache im Mittelpunkt

Bei Präsentationen steht mehr als in anderen beruflichen Situationen Ihre Körpersprache im Mittelpunkt – denn Sie als Präsentator stehen vorne und die Augen aller sind auf Sie gerichtet. Nicht mit dem, was Sie sagen, sprechen Sie die Emotionen der Zuhörer an, sondern wie Sie etwas sagen und wie Sie mit Körperhaltung, Mimik und Gestik dabei wirken.

Erster Eindruck Bevor Sie die erste Folie zeigen können, werden Sie als Person wahrgenommen. Ihre Erscheinung prägt das Bild, das die Zuhörer während der Präsentation haben. Ist dieser erste

Eindruck verpatzt, müssen Sie während der Präsentation mehr Energie aufbringen, um Ihre Botschaft an den Mann und an die Frau zu bringen.

Tipp: Passen Sie Ihre Kleidung dem Anlass an

Sie haben es leichter, wenn Ihre Zuhörer Sie aufgrund Ihrer äußeren Erscheinung als einen der Ihren ansehen. Passen Sie deshalb Ihre Kleidung dem Anlass und dem Umfeld an. Im Zweifel kleiden Sie sich lieber etwas besser und konservativer, als es vielleicht nötig wäre.

Sie können bei Ihren Zuhörern nur dann etwas bewirken, wenn Sie selbst wissen, was Sie bewirken wollen. Und dies heißt: Sie müssen eine Antwort auf die folgenden Frage haben: Was soll nach der Präsentation bei den Zuhörern anders sein? Wenn Sie bei einem Kunden präsentieren, wollen Sie einen Auftrag, wenn Sie bei der Geschäftsleitung präsentieren, das „Go" für Ihr Projekt oder Konzept, wenn Sie vor Ihren Kollegen im Projekt oder vor Ihrer Arbeitsgruppe präsentieren, wollen Sie vielleicht einen bedeutenderen Platz in der Gruppe. Wenn Ihre Zuhörer die Inhalte, die Sie präsentieren, annehmen sollen, müssen Sie selbst von diesen Inhalten überzeugt sein.

Ihre Zuhörer können Sie nur begeistern, wenn Sie selbst begeistert sind. Fragen Sie sich: Würde ich das Produkt, dass ich meinem Kunden vorstelle, auch selbst unbedingt haben wollen? Motiviert mich die Aufgabe, die ich durch das Go für mein Konzept erhalte? Will ich meine Position in der Gruppe wirklich verändern? Ein eindeutiges „Ja" auf diese Frage versetzt Sie selbst in die Spannung, die Sie Begeisterung ausstrahlen lässt.

Begeisterung steckt an

Seien Sie präsent

Kein 100-Meter-Sprinter geht gemütlich zum Startblock, um sich dort langsam hinzuknien und dann eine Bestzeit zu laufen. Er läuft sich warm und stellt sich mental auf einen 110-Meter-Lauf ein.

Präsentieren heißt auch präsent sein, und zwar von der ersten Sekunde an. Und dies können Sie nur, wenn Sie den Raum kennen, in dem Sie präsent sein müssen. Bei einer Präsentation im Kollegenkreis kennen Sie diesen Raum meist. Aber auch hier steckt der Teufel im Detail – und zwar meist im technischen. Selbst dann, wenn Sie etwas in einem Teammeeting vorstellen, sollten Sie vermeiden, dass der erste Teil der Präsentation darin besteht, die Technik vorzubereiten.

Bereiten Sie die Technik vor

Je wichtiger die Präsentation und je größer das Publikum, umso entscheidender wird es, dass Sie mit dem Raum vertraut sind. Versuchen Sie selbst dann, wenn Sie in einem Hotel sind oder in der Firmenzentrale des Kunden, den Raum vorher zu erkunden. Sie sind während der Präsentation der Mittelpunkt und Gastgeber. Man erwartet von Ihnen, dass Sie sich auskennen.

Machen Sie sich den Raum „zu eigen":

- Gehen Sie im Raum umher.
- Setzen Sie sich in die erste und die letzte Reihe. Gehen Sie auf die Bühne, zum Rednerpult.
- Schreiten Sie den Raum vor dem Publikum ab.
- Sprechen Sie mit und ohne Mikrofon.
- Lassen Sie die Beleuchtung verändern, damit Sie ins rechte Licht gesetzt werden.

Diese Übung hat zwei Vorteile: Erstens werden Sie mit dem Raum vertraut und zweitens gewinnen Sie dadurch Ruhe und Selbstvertrauen.

Körperliche und mentale Aktivierung Aktivieren Sie sich körperlich und mental, indem Sie umhergehen und plaudern. Dies entspannt den Körper und den Geist. Wenn Sie bereits aktiv sind, brauchen Sie zu Beginn der Präsentation keine Anlaufphase und können direkt starten. Falls Sie im Publikum sind, sitzen Sie aufrecht, atmen in den Bauch und spannen Füße und Gesäßmuskeln an. Nehmen Sie schon Blickkontakt zu Ihrem Publikum auf. Seien Sie aufmerksam für das, was im Raum passiert, und für die Beiträge Ihrer Vorredner. So wirken Sie schon vor Ihrem Auftritt interessiert.

> **Tipp: Proben Sie Ihre Präsentation**
> Proben Sie Ihre Präsentation im Raum. Mindestens jedoch Ihren Auftritt, die Begrüßung, den Einstieg, Abschluss und Abgang. Dies sind die Punkte, die den Zuhörern am besten im Gedächtnis bleiben.

„Je großartiger Menschen wirken wollen, umso mehr machen sie sich zum Affen", sagt Stefan Spies, Regisseur und Trainer für Körpersprache. Und das haben Sie vielleicht auch schon selbst erlebt: Gerade bei einer wichtigen Präsentation stolpern Sie, fällt Ihnen das Manuskript aus der Hand oder die Stimme zittert. Zwei Dinge blockieren Sie in dieser wichtigen Situation: Ihre Angst und der Wille zu wirken.

Gegenfantasie gegen die Angst Ihre Angst beruht auf Ihrer Vorstellung, es könnte etwas schiefgehen. Dagegen hilft Folgendes: Bauen Sie eine Gegenfantasie auf. Überlegen Sie sich, was im schlimmsten Fall passieren könnte, wenn die Präsentation schiefgeht. Erinnern Sie sich an Ihre letzte erfolgreiche Präsentation oder an einen Ort, an dem Sie sich wohlfühlen.

Ob Sie sicher und überzeugt von den Inhalten Ihrer Präsenta- Unsichere
tion sind, erkennen Ihre Zuhörer auch ohne, dass Sie das erste Redner erkennt
Wort gesagt haben. Menschen, die innerlich zurückweichen, man sofort
stehen steif und hölzern vor ihrem Publikum. Sie würden lieber flüchten.
Deshalb verlagern sie ihr Gewicht nach hinten. So stehen sie unbewusst
auf den Fersen. Unsichere Redner erkennt man daran, dass sie unbewusst
einen Fuß einseitig belasten. Dagegen wirken überzeugte Präsentatoren
offen. Der kontaktfreudige Redner geht innerlich auf sein Publikum zu.
Diese Wirkung entsteht, weil er sein Gewicht nach vorne verlagert und
auf den Fußballen steht.

Abbildung 23 zeigt, wie Sie bei Ihrer Präsentation optisch gut wirken.

- Halten Sie den Kopf aufrecht!
- Halten Sie Blickkontakt mit dem Publikum!
- Vergessen Sie nicht, ab und zu zu lächeln!

- Lassen Sie die Schultern locker und entspannt!

- Halten Sie die Hände locker neben dem Körper oder
  auf Höhe des Bauchnabels!
- Unterstreichen Sie mit den Händen gestisch Ihre Worte!

- Drücken Sie niemals die Knie durch!
- Bleiben Sie beweglich!

- Stehen Sie mit beiden Fußsohlen fest auf dem Boden!
- Stellen Sie die Füße schulterbreit auseinander!

Abbildung 23: Ihr Stand verrät Ihren Standpunkt zu Ihrem Thema

Checkliste: So erzielen Sie die beste optische Wirkung	
Stellen Sie Ihre Füße parallel hüftbreit auseinander.	
Halten Sie Bodenkontakt, indem Ihre ganze Schuhsohle den Boden berührt.	
Wenden Sie sich Ihrem Publikum zu. Dadurch verlagert sich automatisch Ihr Stand.	
Halten Sie den Kopf aufrecht.	
Lassen Sie die Schulter locker und entspannt.	
Legen Sie Ihre Hände locker auf Höhe des Bauchnabels ineinander.	
Bleiben Sie beweglich.	

Lassen Sie Ihren Körper sprechen

Wohin mit den Händen? Wohin mit den Händen? Dies ist für viele Menschen die große Frage, wenn Sie vor das Publikum treten. Im Alltag wissen Sie fast in jeder Sekunde, was Sie mit Ihren Händen machen sollen: Sie sind nervös, Ihre Hände sind es ebenfalls, sie bitten um etwas, das zeigen auch Ihre Hände und wenn Sie sich wehren, wehren sich Ihre Hände mit. Dies passiert automatisch, ohne nachzudenken. Jedoch bei einer Präsentation scheinen die Hände keine Aufgabe zu haben.

Hände unterstützen Aussagen Und in der Tat. Die einzig praktische Aufgabe, die Ihre Hände bei einer Präsentation haben, ist, die Folien am Laptop weiterzuklicken. Dabei könnten Ihre Hände Sie wirkungsvoll unterstützen. Nämlich, indem Sie mit Ihren Handbewegungen das unterstreichen, was Sie sagen.

Übung: Trainieren Sie, mit den Händen zu sprechen

Üben Sie im Alltag, mit Ihren Händen das zu illustrieren, was Sie sagen. Wenn Sie etwas Großes beschreiben, beschreiben Sie dies auch mit den Händen. Wenn Sie von einer Bewegung reden, lassen Sie Ihre Hände eine Bewegung machen, oder wenn Sie von einem Kreis reden, beschreiben Sie mit den Händen einen Kreis.

Auf diese Weise üben Ihre Hände typische Bewegungen ein. Damit werden Sie immer mehr eine Unterstützung für das, was Sie sagen.

Anspannung überwinden Präsentationen sind im Berufsleben herausragende Situationen. Dies führt natürlich zu innerer Anspannung, die sich auf den Körper überträgt. Sie runzeln die Stirn und haben einen starren Blick. Ihr Publikum interpretiert dies als Verbissenheit und Starrheit. Stellen Sie sich deshalb so vor Ihr Publikum, als wäre es ein vertrauter Kreis, zum Beispiel Kollegen, mit denen Sie gut auskommen. Dann überträgt sich diese Situation auf Sie. Im Ergebnis fühlen Sie sich entspannter und auch Ihr Körper zeigt dies Ihrem Publikum.

Blickkontakt halten Wie bei jeder Kommunikation gilt auch bei einer Präsentation: Halten Sie Blickkontakt mit Ihren Kommunikationspartnern. „Bei einem kleinen Kreis von zehn Leuten wird dies noch gehen. Aber wie macht man das vor 50 Leuten?", werden Sie sich fragen.

Taschenlampen-Trick Dafür gibt es einen Trick: Stellen Sie sich vor, Ihr Blick wäre eine Taschenlampe, bei der man den Lichtkegel verstellen kann. Je kleiner der Raum, umso besser können Sie mit einem schmalen Fokus jedes Objekt anleuchten. Das Streulicht am Rand des Fokus ist noch stark genug, um auch die Umgebung zu beleuchten. In einem großen Raum funktioniert dies nicht mehr. Sie verlieren die Orientierung. Hier stellen Sie den Fokus größer und beleuchten immer Gruppen von Gegenständen. Genauso machen Sie es mit Ihrem Blick: Bei kleinen Gruppen blicken Sie jeden Teilnehmer einzeln an. Bei großen Gruppen richten Sie Ihren Blick immer zu Teilnehmergruppen. Lassen Sie sich bei Ihrem Blickkontakt so viel Zeit, bis Sie merken, dass Sie den Teilnehmer oder die Teilnehmergruppe wahrnehmen. Dadurch entsteht auch ein für das Publikum angenehmer Wechsel des Blickkontakts.

Als Präsentator sind Sie dem Publikum immer präsent. Sie können und werden jede Sekunde angeblickt und Ihre Bewegungen werden registriert. Versuchen Sie, Ihre Bewegungen in Einklang mit dem zu bringen, was Sie vermitteln wollen. Jede Bewegung braucht ein Motiv. Blicken Sie Ihre Zuhörer an, wenn Sie diesen etwas sagen wollen. Möchten Sie die Aufmerksamkeit wieder auf die Folie lenken, dann blicken Sie kurz zur Leinwand und gehen zurück. Wenn sich ein Teilnehmer meldet, gehen Sie auf ihn zu. Damit signalisieren Sie ihm, dass er jetzt an der Reihe ist. Stehen Sie ruhig, wenn Sie Ihre Folien in den Mittelpunkt stellen wollen. Gehen Sie auf die Zuhörer zu, wenn Sie Ihnen etwas sagen möchten.

Einklang von Bewegung und Intention

Die Teilnehmer fühlen sich angesprochen, wenn Sie an die folgenden Punkte denken:

- Verwenden Sie das Manuskript nur gelegentlich als Gedächtnisstütze; freie Formulierungen wirken immer lebendiger.

- Orientieren Sie sich nur kurz auf Ihren Folien. Lesen Sie die Folien nicht ab, sondern kommentieren Sie diese, während Sie die Teilnehmer anblicken.

- Blicken Sie alle Teilnehmergruppen im Raum an, nicht nur die Teilnehmer in der ersten Reihe und die Personen, die besonders wichtig sind.

Präsentationen sind das Zusammenspiel Ihrer Folien mit Ihrem Vortrag. Während Sie auf dem Beamer eine Folie zeigen, werden Sie als Redner nicht wahrgenommen. Gestalten Sie die Präsentation so, dass Sie auch als Person wirken können.

Sie als Person dürfen nicht untergehen

Auf der folgenden Seite finden Sie eine Checkliste, mit deren Hilfe Sie Ihre Folien optimal einsetzen können.

Checkliste: So setzen Sie Folien optimal ein	
Moderieren Sie die Übergänge zwischen den Folien: „Auf den Punkt gebracht zeigt die Analyse, dass wir etwas verändern müssen. Auf der nächsten Folie zeige ich Ihnen, wie ich mir das vorgestellt habe."	
Erzählen Sie eine Geschichte als Einleitung zu den nächsten Punkten Ihrer Darstellung. „Ein Uhrwerk läuft deshalb so genau, weil eine Vielzahl von Zahnrädern und Federn optimal aufeinander abgestimmt sind. Ein Uhrmacher ist darauf spezialisiert, genau das Zahnrad oder die Feder zu finden, die nicht mehr optimal funktioniert. Genauso bin ich als Prozessberater darauf spezialisiert, die Stellen zu finden, die nicht mehr optimal funktionieren. Wie ich dabei vorgehe, das zeige ich Ihnen auf den nächsten Folien."	
Erstellen Sie Schwarzfolien. Während der Beamer dunkel ist, erklären Sie einen Sachverhalt.	
Beschränken Sie sich bei den Folien auf Stichworte. Der Text, den Sie dann vortragen, gibt dem Stichwort seine Bedeutung.	

Auftritt und Abgang sind die beiden Stellen bei Ihrer Präsentation, bei denen Sie als Person besonders stark wirken.

Auftritt und Abgang bleiben den Teilnehmern im Gedächtnis

Der Auftritt ist wie der Start bei einem Wettkampf: Gelingt er, setzt er zusätzliche Kräfte frei. Ein misslungener Auftritt vergrößert die sowieso vorhandene Unsicherheit. Und je unsicherer Sie sind, um so unsicherer wirkt Ihre Körpersprache. Überzeugen können Sie jedoch nur, wenn Sie Sicherheit ausstrahlen. Und dies von der ersten Sekunde an.

Vom passiven Sitzen zum aktiven Stehen

Bei jeder Präsentation – egal ob im kleinen Kreis am Tisch oder vor einem größeren Publikum – müssen Sie von einer passiven Sitzposition in eine aktive Redeposition kommen. Sie tun dies, indem Sie nach vorne, vor Ihr Publikum gehen. Gehen Sie zügig, leicht nach vorne geneigt und blicken Sie Ihre Zuhörer an. Vergegenwärtigen Sie sich dabei innerlich: „Ich habe den Menschen hier etwas zu sagen." Mit dieser kurzen Pause erreichen Sie drei Dinge: Erstens entsteht eine angenehme Atmosphäre, zweitens fokussieren Sie durch Ihren Blickkontakt auch die Blicke der Zuhörer auf sich und drittens signalisieren Sie Ihrem Publikum: „Ich habe mir für Sie Zeit genommen."

Übergang zur Diskussion

Bevor Sie von der „Bühne" abgehen, schließt sich nach Ihrer Präsentation meist noch eine Fragerunde an. Den Übergang zur Diskussion sollten Sie bewusst gestalten. Wenn auf Ihrer letzten Folie steht: „Ihre Fragen bitte", dann sollten Sie dies auch durch Ihre Körperhaltung deutlich machen. Signalisieren Sie durch Ihre Körperhaltung den Zuhörern: „Jetzt höre ich Ihnen zu." Wechseln Sie die Position: Gehen Sie einen Schritt zur Seite, gehen Sie zur Flipchart, auf der Sie die Fragen notieren wollen, oder setzen Sie sich vor die Zuhörer.

Mit dem Abschluss der Diskussion beenden Sie Ihre Präsentation endgültig. Es ist der Moment, der den Zuhörern inhaltlich und emotional im Gedächtnis bleibt. Es ist das Letzte, was sie von Ihnen sehen und hören. Beenden Sie diese Situation auf keinen Fall mit einem Satz wie diesem: „Ja, wenn es keine Fragen mehr gibt, dann sind wir jetzt am Ende." Damit entwerten Sie Ihre Präsentation und die Diskussionsbeiträge Ihrer Zuhörer. Und es bleibt Ihnen meist nichts anderes übrig, als sich wieder zu Ihrem Platz zu schleichen. Eine gelungene Präsentation endet mit dem Dank Ihrer Zuhörer. Sei es nur durch deren Blicke oder durch einen Applaus. Deshalb sollten Sie am Ende einen echten Schlusspunkt setzen.

Abschluss der Diskussion

Checkliste: So gestalten Sie den Schluss Ihrer Präsentation wirkungsvoll	
Fassen Sie die Ergebnisse der Diskussion nach der Präsentation zusammen.	
Formulieren Sie ein persönliches Fazit.	
Geben Sie einen Ausblick, was nach der Präsentation folgt.	
Bringen Sie Ihre Botschaft, Ihren Appell durch eine gelungene Formulierung auf den Punkt.	
Bedanken Sie sich und blicken Sie Ihre Zuhörer dabei an.	

Eine gute Vorbereitung ist das beste Mittel gegen Lampenfieber

Die Hände fangen an zu zittern, die Knie fühlen sich weich an, der Mund ist trocken und das Gesicht wird blass. Man fühlt sich schwach, hat Hitzewallungen und manchmal bricht kalter Schweiß aus. Die Konzentration lässt nach. Man hat den Eindruck, keinen klaren Gedanken fassen und noch viel weniger äußern zu können. Wir fühlen uns hilflos, ausgeliefert und fürchten, die Kontrolle über uns selbst zu verlieren. Dies sind die typischen Symptome von Lampenfieber.

Lampenfieber nennt man die Angst davor, sich vor einer großen Zuhörerschaft zu Wort zu melden, Fragen zu stellen oder einen Wortbeitrag zu leisten. Allgemein ist Lampenfieber ein subjektives Erleben, das an eine unmittelbar bevorstehende Kommunikations- oder Interaktionssituation geknüpft ist. Da die empfundene Ner-

Nervosität rational schwer zu überwinden

vosität eben subjektiv und eher emotional ist, ist es schwierig, sie durch rationale Argumente zu beseitigen.

Gelassenheit durch gute Vorbereitung
Wenn Sie sich in dieser Situation sagen können: „Ich habe alles dafür getan, dass es eine gute Präsentation wird", können Sie Ihrer Angst vor dem Versagen rational zumindest Ihre gute Vorbereitung entgegenhalten – das macht Sie vielleicht etwas gelassener.

Gut sind Sie vorbereitet, wenn Sie vor Ihrem Auftritt die folgenden Punkte erledigt haben:

Konzept ausarbeiten: Sie ermitteln das Ziel, analysieren die Zielgruppe und entwickeln die logische Struktur der Präsentation.

Story Board schreiben: Halten Sie darin alles fest, was für den Ablauf der Präsentation wichtig ist.

Technik ausprobieren: Der souveräne Umgang mit der Technik ist die Voraussetzung für eine gute Wirkung. „Herumhantieren" mit den Geräten wirkt nicht nur unprofessionell, sondern lenkt die Teilnehmer vor allem vom eigentlichen Thema der Präsentation ab. Der reibungslose technische Ablauf entscheidet mit über den Erfolg der Präsentation.

Präsentation üben: Üben Sie eine wichtige Präsentation vor Ihrem Auftritt. Nur so erkennen Sie, was im Detail noch fehlt oder verändert werden muss. Manche Effekte wirken live anders, als man es sich ausgedacht hat. Eine Videoaufzeichnung hilft, selbstkritisch zu prüfen, wie die Präsentation ankommt. Hierbei ist nicht jedes Detail entscheidend, sondern der Gesamteindruck. Suchen Sie sich für die Probepräsentation wohlwollende Kollegen oder Freunde, von denen Sie ein kritisches und konstruktives Feedback erwarten können.

Checkliste erstellen: Erstellen Sie sich eine Checkliste. Sie hilft Ihnen dabei, nichts zu vergessen. Auf dieser Checkliste sollten auf jeden Fall die folgenden Punkte stehen: das Medium, auf dem Sie die Präsentation mitnehmen, Prüffragen für die Technik vor Ort, Hilfsmittel wie Verlängerungskabel, Maus oder Laserpointer, Back-up und Handout.

Nutzen Sie die Zeit vor der Präsentation
Gut vorbereitet und gut gerüstet treffen Sie jetzt am Ort des Geschehens ein. Damit die Nervosität nicht weiter steigt, sollten Sie die Zeit vor der Präsentation dazu nutzen, innerlich Ruhe zu finden.

 Auf der CD finden Sie eine Checkliste für die Präsentationsvorbereitung.

Checkliste: So finden Sie die innere Ruhe vor der Präsentation	
Planen Sie genügend Zeit vor der Präsentation ein, um Ruhe zu finden. Einige Entspannungsübungen können Ihnen helfen, die notwendige Balance zu finden.	
Sie sollten der Erste im Raum sein. So können Sie sich in Ruhe mit dem Raum und der Technik vertraut machen. Hilfreich ist auch, sich auf einen Platz für die Teilnehmer zu setzen und sich selbst bei der Präsentation vorzustellen. Damit gewinnt man ein Gefühl für die eigene Wirkung.	
Machen Sie sich mit den Funktionen des Beamers vertraut. Wie wird er scharf gestellt? Wie werden dessen Funktionen bedient? Wie schaltet man die Stand-by-Funktion ein? Funktioniert die Fernbedienung?	
Probieren Sie Ihre Position während der Präsentation aus. Stehen Sie keinem Teilnehmer im Blickfeld?	
Testen Sie die Lichtverhältnisse. Das richtige Verhältnis ist dann erreicht, wenn der Raum so hell wie möglich ist, die Präsentation auf der Leinwand aber trotzdem noch gut gelesen werden kann.	
Prüfen Sie die Lesbarkeit der Charts. Sie ist dann gut, wenn die Chart mit der kleinsten Schrift von der letzten Reihe noch gut gelesen werden kann.	
Trinken Sie kurz vor der Präsentation einen Schluck Wasser oder kauen Sie einen Kaugummi. Dies erhöht den Speichelfluss und verhindert, dass Sie gleich zu Beginn einen trockenen Mund haben. Tiefes Durchatmen vor dem ersten Satz gibt dem Körper Ruhe. Sprechen Sie langsam, klar und deutlich.	

Zusammenfassung

Ihre Kompetenz als Referent

- Stellen Sie sich auf Ihre Zielgruppe ein. Wenn Sie wissen, für wen Sie die Präsentation halten, können Sie die Inhalte, die Gestaltung der Folien und Ihren persönlichen Auftritt auf diese Gruppe ausrichten und so die optimale Wirkung erzielen.

- Strukturieren Sie das Thema. Durch pyramidales Denken kommen Sie zu einer gut nachvollziehbaren Struktur Ihres Themas.

- Gestalten Sie Ihre Einleitung interessant. Auf diese Weise schaffen Sie einen Anknüpfungspunkt für die Zuhörer und wecken deren Aufmerksamkeit.

- Gestalten Sie die Folien optisch ansprechend. Ihre Folien geben nicht nur Zahlen, Daten und Fakten wieder, sondern sprechen die Teilnehmer auch emotional durch die Gestaltung an.
- Sprechen Sie verständlich. Verständliches Sprechen und ein bewusster Einsatz der Stimme machen es den Teilnehmern leicht, der Präsentation zu folgen.
- Inszenieren Sie sich als Referent. In der Präsentation steht der Referent im Mittelpunkt. Seine Selbstkundgabe ist Teil seiner Wirkung und seiner Präsentation.
- Moderieren Sie die Diskussion nach der Präsentation – sie ist ein erster Prüfstein, wie die Präsentation gewirkt hat. Mit ihr können Themen und Aspekte der Präsentation vertieft und hervorgehoben werden.
- Gehen Sie souverän mit Einwänden und Störungen um. Einwände und Störungen kann man nicht vermeiden. Professionell ist es, sie so zu behandeln, dass sie der Wirkung der Präsentation nicht schaden.

Überzeugen: Einfluss auf das Denken, Entscheiden und Verhalten anderer nehmen

> *„Kapital lässt sich beschaffen, Fabriken kann man bauen,*
> *Menschen muss man gewinnen."*
> (Hans Christop von Rohr)

Sie werden nicht dafür bezahlt, dass Sie etwas tun, sondern dafür, dass Sie etwas erreichen. Das Management soll den Wert Ihrer Ideen erkennen und Sie unterstützen, diese in der Organisation einzuführen. Beteiligte und von Ihren Konzepten Betroffene sollen diese akzeptieren und umsetzen; und, last but not least, die Kunden des Unternehmens sollen die von Ihnen entwickelten Produkte und Dienstleistungen kaufen.

Nicht immer haben Sie die Chance, Ihre Ideen in einer Präsentation vorzustellen. Oft sind es viele Gespräche, die dazu führen, dass Ihr Chef von Ihrer Idee überzeugt ist, die Kollegen aus anderen Abteilungen Sie unterstützen und letztlich auch die Kunden von einem Produkt begeistert sind. Dabei kommt es darauf an, dass man Ihnen menschlich vertraut, zuhört und Ihren Argumenten folgt.

In diesem Kapitel erhalten Sie Antworten auf folgende Fragen:

- Wie überzeuge ich andere?
- Wie gewinne ich einen Kunden?
- Wie gewinne ich Betroffene bei Veränderungsprozessen?

Überzeugen Sie andere durch das, was Sie überzeugt

Machen Sie sich einmal bewusst, wann Sie sich selbst überzeugen lassen! Das, was Sie überzeugt, sind die gleichen Dinge, mit denen Sie andere überzeugen.

Übung: Überlegen Sie, wovon Sie sich überzeugen lassen

Überlegen Sie, was Sie überzeugt, wenn Sie einem Konzept zustimmen, ein Produkt kaufen oder eine Dienstleistung in Anspruch nehmen.

In der Regel werden Menschen dann überzeugt, wenn sie die folgenden fünf Fragen beantworten können:

* Klingt es vernünftig?
* Was habe ich davon?
* Wo muss ich nachgeben? Wo kann ich mich durchsetzen?
* Was sagen meine Bezugspersonen dazu?
* Mag ich meinen Gesprächspartner?

Auf diese Fragen müssen Sie denjenigen eine Antwort geben, die Sie überzeugen und gewinnen wollen. Sie sind der Leitfaden, mit dem Sie den Grundstein für Ihre Überzeugungsarbeit legen.

Stellen Sie die sachlichen Argumente zusammen: Sie überzeugen mit ZDF: Zahlen, Daten und Fakten. Was sind die Argumente, die Ihre Idee unterstützen? Welche Zahlen untermauern Ihre Aussagen? Gibt es Beispiele, Beweise oder Referenzen? Sachliche Argumente sprechen für sich. Wenn diese in sich schlüssig und nicht zu widerlegen sind, dann haben Sie starke Argumente auf Ihrer Seite. *(ZDF – Zahlen, Daten, Fakten)*

Zeigen Sie die Vorteile für andere auf: Menschen sind schnell von einer Idee oder einem Produkt überzeugt, wenn sie erkennen, worin der Vorteil für sie besteht. Verlassen Sie sich nicht darauf, dass Ihre Gesprächspartner diesen sofort erkennen. Helfen Sie ihnen dabei: Zeigen Sie ihnen nicht nur den Vorteil, den sie persönlich haben, sondern auch den, der ihrer Abteilung oder dem Unternehmen als Ganzem zugute kommt. Dies ist insbesondere dann wichtig, wenn ein Mitarbeiter eher einen Nachteil von Ihrem Vorschlag hat, er aber für das Unternehmen als Ganzes einen Gewinn darstellt.

Beziehen Sie andere ein: Geben Sie Ihren Kollegen, den Betroffenen und Beteiligten und vielleicht auch Kunden die Gelegenheit, Ihre Ideen mitzugestalten. Dies hat für Sie drei Vorteile: *(Lassen Sie andere mitgestalten)*

- Erstens wird Ihr Ergebnis besser, denn es fließen mehr Gesichtspunkte ein.
- Zweitens hilft es Ihrem Gesprächspartner, die Idee oder das Produkt besser zu verstehen.
- Und drittens fällt es schwer, Ihrem Vorschlag eine Absage zu erteilen – denn Konzepte und Produkte, bei denen man selbst mitgearbeitet hat, kann man schwer ablehnen.

Je mehr es Ihnen gelingt, Ihren Gesprächspartner in die Mitgestaltung einzubeziehen, umso mehr wird er Ihr Ergebnis auch als sein eigenes vertreten.

Erhalten Sie sich den Rückhalt im eigenen Lager: In einer Organisation stehen Sie nicht allein da. Mit Ihren Ideen vertreten Sie eine Abteilung, ein Team oder eine Arbeitsgruppe. Die Menschen, die an der Idee oder dem Produkt mitgearbeitet haben, stehen hinter Ihnen. Jedoch dürfen Sie diese Unterstützung nicht verlieren, wenn Sie in Ihren Gesprächen und Diskussionen Dinge verändern oder Zugeständnisse machen müssen. Informieren Sie Ihre Bezugsgruppe über Ihre Gespräche und beziehen Sie sie in die Diskussion ein.

Bauen Sie Vertrauen und Sympathie auf: „Kann ich mich darauf verlassen, dass das wirklich funktioniert?" Wenn Sie diese Frage mit „ja" beantworten und Ihr Gesprächspartner dann zufrieden ist, können Sie davon ausgehen, dass er Ihnen Sachverstand und Fairness zutraut. Er lässt sich von Ihnen sagen, was gut und richtig ist, ohne die Details zu kennen. Ein solches Vertrauen entsteht nicht von heute auf morgen. Es wächst langsam und es ist das Ergebnis von vielen Kontakten und gemeinsamen Erfahrungen. Den Menschen, die Sie immer wieder überzeugen müssen, sollten Sie ein vertrauenswürdiger und fairer Partner sein, der neben dem Geschäft auch die persönliche Beziehung nicht einschlafen lässt. Zeigen Sie Ihre Präsenz, indem Sie mit den wichtigen Partnern mittagessen gehen, sich bei Feiern mit ihnen unterhalten und indem Sie an Geburtstagen oder anderen festlichen Ereignissen an sie denken.

Kunden werden durch den Nutzen überzeugt

Nicht nur das Ergebnis überzeugt „Ich kann keinem etwas aufschwatzen." Auf diese Aussage sind viele Ingenieure und Techniker stolz. Sie sind die Fachleute, deren Ergebnis von allein überzeugt. Aber ist es auch immer die beste Lösung für den Kunden? Dazu möchte ich Ihnen die folgende Geschichte erzählen:

Kein Kundennutzen, kein Verkaufsargument

Ein Verkäufer pries auf einem Messestand seine Bohrmaschine an. „Wenn Sie ein Bild in Ihrer Wohnung aufhängen wollen, dann kaufen Sie diese Maschine. Denn damit haben Sie im Handumdrehen ein Loch in jede Wand gebohrt." Einer der Zuhörer der Verkaufspräsentation meldete sich und sagte: „Wenn ich nur ein Loch in die Wand bohren muss, dann würde ich sie nicht kaufen, sondern leihen." Das Beste für diesen Kunden wäre nicht der Kauf einer Bohrmaschine, sondern ein Leihservice für Bohrmaschinen.

Etwas verkaufen heißt nicht, einem Kunden etwas aufzuschwatzen. Es bedeutet zu zeigen, dass er mit Ihrem Angebot ein Problem lösen kann, und ihn zu überzeugen, dass Ihre Lösung die beste ist. Ihren Kunden überzeugen Sie durch die Art und Weise, wie Sie mit ihm sprechen.

Merksatz: Überzeugende Gesprächsführung

Überzeugende Gesprächsführung ist die Fähigkeit, im anderen Bilder entstehen zu lassen, die dieser als seine eigenen Bilder annimmt und für erstrebenswert hält.

Im Kontakt mit Kunden kommt es darauf an, komplizierte Zusammenhänge einfach und klar darzustellen oder mit Geduld einem Laien einen Sachverhalt so lange zu erklären, bis er ihn verstanden hat. Soziale Kompetenz im Kontakt mit Kunden bedeutet, dass er sich von Ihnen beraten lässt und Sie auf dessen Kaufentscheidung Einfluss nehmen.

Kompliziertes klar darstellen

Der Kunde will wissen, wieso das Produkt für ihn gut ist und ob sich seine Investition für ihn auszahlt. Und dies ist der Fall wenn,

- seine Bedürfnisse befriedigt werden,

- eines seiner Probleme gelöst wird,

- er sein Ziel besser erreicht,

- schneller, effektiver und leichter seine Arbeit bewältigen kann,

- einen Gewinn erzielt, mehr Ansehen gewinnt oder vor Risiken geschützt ist und

- er Freude am Produkt hat.

Dabei fasse ich den Begriff „Kunde" sehr weit. Zu den Kunden gehören nicht nur die Kunden des Unternehmens, dazu gehören auch die Nachbarabteilungen, die die Arbeitsergebnisse der eignen Abteilung nutzen, Auftraggeber von Projekten oder Arbeitsgrup-

„Kunde" ist ein weiter Begriff

pen. Sie haben immer dann einen Kunden vor sich, wenn Ihr Gegenüber die Freiheit hat, Ihr Produkt zu nutzen oder Ihre Dienstleistung in Anspruch zu nehmen. In diesen Fällen müssen Sie Ihre Leistung verkaufen.

Sie überzeugen einen Kunden dann, wenn Sie das Produkt oder die Dienstleistung mit seinen Augen sehen – wenn Sie verstehen, was ihn bewegt und motiviert, aber auch was er befürchtet.

Checkliste: So finden Sie Argumente für Ihr Kundengespräch	
Was sind die nachweislichen Vorteile für Ihren Kunden?	
Was sind die Zahlen, Daten und Fakten, die ihn überzeugen?	
Wodurch wird er emotional angesprochen?	
Wie zufrieden ist er mit der bisherigen Lösung und welche sind hier die größten Nachteile für ihn?	
Welche Varianten – große Lösung, Teilprodukte oder kleine Lösung – können Sie ihm anbieten?	
Mit welchen Fragen können Sie aus ihm herauslocken, was ihn an dem Produkt oder der Dienstleistung interessiert?	

Stellen Sie sich auf Ihren Kunden ein In einem Kundengespräch müssen Sie sich voll und ganz auf den Kunden einstellen. Jedoch heißt dies nicht, dass Sie hier die Führung abgeben, sondern dass Sie sich auf die Gesprächsbedürfnisse Ihres Kunden einstellen und ihm, soweit es geht, entgegenkommen. Es gibt Kunden, die lieber gleich zur Sache kommen – dann sollten Sie Ihr Produkt gleich präsentieren. Andere Kunden lieben einen langsamen Gesprächseinstieg. Beginnen Sie bei diesen Kunden mit etwas Small Talk, bevor Sie zur Sache übergehen.

Zeigen Sie Interesse Menschen sind meist mitteilungsbedürftiger, als man denkt. Lassen Sie den Kunden von sich aus von seine Probleme erzählen. Stellen Sie offene Fragen, die ihn zum Reden einladen, und fragen Sie nach seinem Bedarf, nach seiner Situation oder nach seinen Zielen und Zukunftsvorstellungen. Diese Phase können Sie zum Beispiel durch den folgenden Satz einleiten: „Ich möchte ganz individuell auf Ihre Situation eingehen. Dazu möchte ich Ihnen zunächst einige Fragen stellen, bevor ich Ihnen unsere Lösung zeige." Hören Sie in dieser Phase gut zu. Zeigen Sie dem Kunden Ihr Interesse an seinen Antworten.

Tipp: Notieren Sie immer die wichtigsten Punkte
Schreiben Sie während eines Kundengesprächs selbst dann mit, wenn Sie keine Notizen brauchen. Wenn der Kunde sieht, dass Sie seine Antworten notieren, dann hat er das Gefühl, dass das, was er sagt, wichtig ist.

Erst dann, wenn der Kunde sich sozusagen „leer" geredet hat, ist er offen für Ihr Angebot. Die Kunst bei einer Angebotspräsentation ist, an das anzuschließen, was der Kunde gesagt hat, dabei aber das eigene Produkt zu positionieren. Zeigen Sie dem Kunden, wie Ihr Angebot die von ihm geschilderten Probleme löst oder seinen Zielen entspricht. Lassen Sie sich bei der Vorstellung des Produkts nicht von fachlicher Logik leiten. Stellen Sie erst das vor, was den Kunden interessiert. Sozusagen als Bonbon können Sie dann zeigen, was Ihr Produkt sonst noch so alles kann.

Kundeninteresse im Mittelpunkt

Meistens entscheiden sich Kunden nicht sofort für eine Lösung – selbst dann, wenn es die beste Lösung ist. Der Kunde will keinen Fehler machen und möchte deshalb erst einmal Zeit gewinnen. Setzen Sie Ihren Kunden nicht unter Druck, sondern strahlen Sie das Selbstbewusstsein eines Anbieters aus, der weiß, wie gut sein Produkt ist. In dieser Phase wird der Kunde mit Einwänden kommen. Sie würden den Kunden verlieren, wenn Sie sich jetzt mit ihm einen Schlagabtausch liefern. Es kommt nicht darauf an, dass Sie recht behalten, sondern darauf, dass der Kunde Ihr Produkt kauft. Andererseits ist es genauso verkehrt, diese Einwände zu akzeptieren – denn auf diese Weise würden Sie nie etwas verkaufen.

Setzen Sie Ihren Kunden nicht unter Druck

Die Zauberformel bei Einwänden von Kunden lautet: „Entkräften Sie die Einwände Ihres Kunden!" „Entkräften" ist hier durchaus wörtlich gemeint. Nehmen Sie den Einwänden die Kraft: Sagt Ihr Kunde, dass die Lösung zu teuer ist, dann entkräften Sie sein Argument dadurch, dass Sie ein günstigeres Angebot machen. Sagt er Ihnen, dass er sich nicht entscheiden kann, dann fragen Sie ihn, wann er sich entscheiden kann und welche Informationen er noch braucht.

Entkräften Sie Einwände

Nicht immer können Sie einen Kunden überzeugen. Das hat oft sachliche Gründe: Das Produkt erfüllt nicht die Anforderungen, das Konzept löst die Probleme nicht oder der Kunde braucht die Dienstleistung nicht. Wenn Sie dies merken, dann beenden Sie das Gespräch. Wie auch immer das Gespräch endet, auf jeden Fall sollte Ihr Kunde Sie als einen sympathischen Menschen in Erinnerung behalten, der ein gutes Angebot gemacht hat und fair handelt. Wenn nach dem Gespräch zwischen Ihnen und dem Kunden eine Beziehung entstanden ist, können Sie mit Ihrem nächsten Vorschlag immer wieder kommen. Und dies gilt vor allem für Ihre internen Kunden.

Wenn Sie nicht überzeugen können …

Übung: Lassen Sie ein Gespräch Revue passieren und lernen Sie daraus

Stellen Sie sich ein Gespräch zwischen Ihnen und einem Ihrer Kunden vor. Dies kann ein externer Kunde sein, eine Nachbarabteilung, die Ihre Leistungen in Anspruch nimmt, oder der Auftraggeber eines Ihrer Projekte oder Ihre Arbeitsgruppe.

- Welche der hier vorgestellten Punkte haben Sie in diesem Gespräch berücksichtigt?
- Was nehmen Sie sich für Ihr nächstes Kundengespräch vor?

Auf der CD finden Sie einen Leitfaden für Kundengespräche.

Anwender mit Geduld und Ruhe für eine neue Technik gewinnen

Anwender sind mit Software unzufrieden

Herr Otto hat eine technisch perfekte Softwarelösung entwickelt. Voller Elan und mit der Überzeugung, nur Beifallsstürme zu ernten, stellt er seine Lösung den Anwendern vor. Es kommt jedoch ganz anders, als er dachte. In der Diskussion wird an allem herumgenörgelt, Bedenken über Bedenken werden geäußert und manche Teilnehmer kündigen sogar Widerstand gegen seine Lösung an.

Menschen sind Gewohnheitstiere Die Enttäuschung von Experten ist gerade dann groß, wenn die Betroffenen sich gegen eine neue Lösung wehren. Die Fachleute fühlen sich angegriffen, denn sie denken, die Lösung sei schlecht. Dies muss jedoch nicht so sein – denn der Mensch ist ein Gewohnheitstier und Veränderungen von Althergebrachtem empfindet er als Störung. Nörgeln, Bedenken äußern und Widerstand sind Formen, mit denen sich Menschen gegen diese Störungen wehren. Und dafür gibt es eine ganze Reihe von Gründen:

- Die Anwender machen sich Sorgen, dass sie das Neue nicht verstehen und damit nicht umgehen können.
- Sie fühlen sich übergangen, weil sie eine Lösung „vor die Nase gesetzt" bekommen, ohne dass man sie vorher gefragt hat.
- Die neue Lösung schränkt tatsächlich Freiheiten ein und macht die Arbeit weniger attraktiv.
- Unentschiedene orientieren sich eher an denjenigen, die sich gegen die Lösung aussprechen. Damit fühlen sie sich auf der sicheren Seite.

- Schlechte Erfahrungen mit Neuerungen aus der Vergangenheit werden auf die neue Lösung übertragen.
- Jede Umstellung auf etwas Neues bedeutet immer zusätzlichen Stress. Arbeitsabläufe müssen eingeübt werden und die Technik funktioniert vielleicht auch nicht immer einwandfrei. Dadurch sinkt trotz höheren Aufwands die Qualität der eigenen Arbeit.
- Manche fühlen sich auch persönlich angegriffen. Sie haben an der bisherigen Lösung mitgearbeitet, die jetzt über Bord geworfen wird.

All diese Bedenken werden jedoch selten offen geäußert. Stattdessen werden Scheinargumente vorgebracht: „Das System ist unpraktisch", „Man findet sich nicht zurecht", „Es geht alles langsamer als vorher". Andere äußern sich in der Diskussion positiv, nörgeln aber im Hintergrund, und wiederum andere tun so, als würden sie das System nicht verstehen.

Je stärker die Veränderung für Einzelne ist, umso schwerer werden Sie diese Personen für die Veränderung gewinnen. Und je mehr sich in einer solchen Situation eine Anti-Haltung aufbaut, umso schwerer ist es, diese zu überwinden.

Merksatz: Grund für Veränderung erläutern

Menschen fällt es leichter, sich auf Veränderungen einzustellen, Neues zu akzeptieren und sogar persönliche Einschränkungen in Kauf zu nehmen, wenn sie den Sinn der Veränderung erkennen, ihre Notwendigkeit einsehen und in den Veränderungsprozess einbezogen werden.

Versprechen Sie nicht zu viel: Die Versuchung ist groß, bei der Einführung einer neuen Technik alles in den schönsten Farben zu schildern. Dies weckt Erwartungen, die Sie vielleicht nicht erfüllen können. Schildern Sie das neue System realistisch. Sagen Sie auch, was sich für den Einzelnen ändert und was für ihn individuell vielleicht auch schlechter wird. *(Wecken Sie nicht zu hohe Erwartungen)*

Mit den folgenden Maßnahmen können Sie bereits vor der Einführung die Akzeptanz der Anwender erhöhen:

Stellen Sie den Nutzen für die Anwender heraus: Bei der Einführung eines neuen Systems interessiert den Anwender das, was er persönlich davon hat. Versetzen Sie sich in dessen Lage und stellen Sie den Nutzen aus dessen Perspektive dar. Manchmal hat der Anwender auch keinen persönlichen Nutzen, sondern das neue System spart Kosten, erhöht die Qualität oder ist schneller. Es nutzt dem Unternehmen und die Mitarbeiter müssen eine bittere Pille schlucken. Wenn die Anwender jedoch den Nutzen für das Unternehmen verstehen und nachvollziehen können, dann sind sie auch bereit, Nachteile in Kauf zu nehmen.

Bieten Sie eine Eingewöhnungsphase an: Bereiten Sie die Anwender langfristig auf das neue System vor. Präsentieren Sie die Anwendung, lassen Sie einige Anwender das System testen, schulen Sie die Anwender, wenn dies notwendig ist, und organisieren Sie eine Beratung und Unterstützung in der Einführungsphase.

Unterstützen Sie die Menschen bei konkreten Problemen: Zeigen Sie Verständnis für die Situation der Anwender. Helfen Sie freundlich und verständnisvoll bei Fragen und Problemen. Geben Sie den Anwendern nie das Gefühl, dass sie unfähig oder unmotiviert sind. Bedanken Sie sich bei ihnen für die Unterstützung und die Bereitschaft, sich auf das neue System einzulassen. Bei technischen Fehlern bedanken Sie sich für den Hinweis und entschuldigen sich für die Umstände.

Team gut vorbereiten Die Umstellung auf ein neues System ist nicht nur eine technische Herausforderung. Sie ist vor allem eine psychologische. Bereiten Sie sich und Ihr Team auf die menschliche Seite der Einführung vor. Wenn alle wissen, wie die Anwender in der Frustphase reagieren, können Sie dieses Verhalten einschätzen und souverän darauf reagieren.

Machen Sie die Betroffenen zu Beteiligten

„Diese Lösung ist am grünen Tisch entstanden und taugt ganz und gar nicht für die Praxis." Mit diesem Killerargument macht sich oft irrationaler Widerstand gegen eine Neuerung Luft. Wenn hier dann auch noch eine große Zahl anderer Betroffener schweigend zustimmt, ist die Stimmung meist schon so auf „Kontra" eingestellt. Sie können den Einwand vielleicht entkräften, aber gewinnen werden Sie diese Betroffenen wahrscheinlich nicht mehr so leicht.

Beginnen Sie früh mit der Kommunikation Erfolgreich sind Sie in einem solchen Veränderungsprozess nur, wenn Sie die Betroffenen sehr früh zu Beteiligten machen: Beginnen Sie mit der Kommunikation über die geplante Veränderung, sobald Ziel, Umfang und Zeitplan klar sind. Geben Sie den Betroffenen dabei schon Antworten auf die folgenden Fragen:

- Warum ist die Veränderung notwendig?
- Was wird sich ändern?
- Wie wird sich dies auf die bisherige Praxis auswirken?

In dieser Phase können Sie Wünsche und Anregungen der Betroffenen noch in Ihrem Konzept berücksichtigen. Oft werden Wünsche und Anregungen von Betroffenen mit Fragebögen oder Interviews ermittelt. Sie erfüllen aber nur dann ihren Zweck, wenn die Befragten eine Rückmeldung darüber bekommen, welche Wünsche und Erwartungen andere haben und welche auch innerhalb der gegebenen Rahmenbedingungen umgesetzt werden können. Es ist nichts demotivierender, als wenn Betroffene nach ihrer Meinung gefragt werden, diese aber dann nicht berücksichtigt wird.

Anregungen und Wünsche aufnehmen

Tipp: Betroffene in die Projektgruppe holen

Idealerweise holen Sie künftige Anwender, Mitarbeiter und auch Betriebsräte in die Projektgruppe, die an der Neuerung arbeitet. Sie geben dann den Betroffenen die Möglichkeit, ihre Einwände bereits in einer frühen Phase zu äußern. Sie nehmen auch denen den Wind aus den Segeln, die ihnen Praxisferne vorwerfen. Sie müssen sich jedoch darauf einstellen, dass Sie nicht so schnell vorankommen, als wenn Sie die Lösung allein oder im Expertenteam entwickeln – denn Sie müssen sich bereits sehr früh mit vielen Argumenten und Einwänden der Betroffenen auseinandersetzen.

Es gäbe keine Veränderung, wenn Sie alle Bedürfnisse der Betroffenen berücksichtigen würden. Zu groß ist die Anzahl der Wünsche, die sich oft auch noch gegenseitig widersprechen. Und andererseits werden neue Techniken, Arbeitsverfahren und Prozesse eingeführt, weil es wirtschaftlich erforderlich ist. Wenn Sie jedoch frühzeitig die Betroffenen einbezogen haben, wissen Sie, wo die Schmerzgrenze bei ihnen ist, und können zumindest versuchen, diese im Konzept zu berücksichtigen.

Erkennen Sie die Schmerzgrenze

Die Kommunikation in Veränderungsprozessen ist ein entscheidender Faktor, damit alle im Unternehmen den Wandel verstehen, akzeptieren und umsetzen. Setzen Sie hier eher auf direkte Kommunikation als auf die Information über Medien wie Intranet und Mitarbeiterzeitungen. So sorgen Sie dafür, dass Ihre Botschaften bei den Betroffenen direkt ankommen, und können Missverständnisse zeitnah aus dem Weg räumen. Halten Sie das Steuer bei Veränderungsprozessen fest in der Hand – kommunizieren Sie deshalb, bevor es die Gerüchteküche tut.

Kommunizieren Sie direkt

Auf der CD sind in einem Merkblatt Tipps für die Kommunikation in Veränderungsprozessen zusammengestellt.

Helfen Sie den Anwendern, die neue Technik kennenzulernen

Egal, ob es sich um ein neues Produkt, ein neues Arbeitsverfahren oder eine neue Software handelt – immer müssen sich die Betroffenen auf etwas Neues einstellen. Sie als Erfinder des neuen Systems haben einen großen Vorsprung: Sie wissen, was es leistet, und sind voll überzeugt, dass das neue System viel besser ist als das alte. Die Betroffenen sind in einer ganz anderen Situation: Sie sind vom neuen System noch nicht überzeugt, sie haben noch kein Gefühl dafür, was es tatsächlich leistet, und müssen sich erst mit seinen Funktionen vertraut machen.

So vermitteln Sie nötige Kenntnisse

Wenn Anwender mit einer neuen Technik, mit einem neuen Verfahren oder in neuen Prozessen arbeiten, müssen Sie den betroffenen Mitarbeitern die Kenntnisse vermitteln, die sie brauchen, um ihren Job erfolgreich tun zu können. Dazu gibt es ein ganzes Spektrum von Möglichkeiten:

Computer-based-Trainings: Damit können die Anwender sich individuell an ihrem Arbeitsplatz mit der neuen Technik vertraut machen.

Seminare: In dieser Schulungsform wird den Teilnehmern das Wissen in Form von Vorträgen vorgestellt und sie haben dann die Möglichkeit, einzelne Themen in Übungen zu vertiefen.

Workshops: Gegenüber Seminaren erarbeiten die Trainer hier mit den Teilnehmern die neuen Inhalte. Workshops sind dann besonders gut geeignet, wenn die künftigen Anwender neue Verfahren und Prozesse an ihren Arbeitsbereich anpassen müssen.

Praxissimulationen: In Praxissimulationen oder Reality-Trainings üben die Anwender neue Methoden und Prozesse an einem praxisnahen Beispiel ein. Diese Trainingsformen eignen sich dann besonders gut, wenn unterschiedliche Mitarbeitergruppen das Zusammenspiel in neuen Rollen und Prozessen beherrschen müssen.

Anwender sind lösungsorientiert

In dieser Phase werden Sie mit vielen Fragen konfrontiert, die Ihnen als Experten banal und überflüssig vorkommen: „Wie geht das?", „Wo ist diese Funktion beschrieben?" oder „Warum muss ich denn jetzt diesen Arbeitsschritt machen?". Für die Betroffenen sind sie es nicht. Sie müssen ihren Job machen und haben keine Zeit, sich mit umfangreichen Dokumentationen zu beschäftigen. Sie haben ein Problem – und dafür wollen sie sofort eine Lösung.

Zeigen Sie die positiven Seiten auf

Bleiben Sie in solchen Situationen ruhig und gelassen. Beantworten Sie die Fragen der Betroffenen kurz und sachlich. Erklären Sie Hintergründe, wenn es hilft, dass man das Neue besser versteht. Zeigen Sie Verständnis für deren Situation und zeigen Sie dann eine positive Perspektive. Beispielsweise so: „Ich weiß, dass Sie sich erst an die neuen Abläufe gewöhnen müssen. Aber wenn Sie diese erst einmal beherrschen, können Sie Ihre Aufgaben viel schneller erledigen."

Nicht immer kommen die Betroffenen, nachdem sie das Neue kennengelernt haben, sofort in eine neue Routinephase. Vor allem dann, wenn die neuen Arbeitsabläufe doch nicht so perfekt sind, Leistungsmerkmale des Produkts nicht richtig funktionieren oder die Software noch fehlerhaft ist. Dann geraten die Betroffenen in Stress, denn es stürmen drei Dinge auf sie ein: Sie müssen Neues lernen, mit Fehlern zurechtkommen und dazu noch die Beschwerden ihrer Kunden aushalten. Oft ist es bei den Betroffenen auch die Erkenntnis, dass jetzt an den Neuerungen kein Weg mehr vorbeiführt, die Stress verursacht. Dann beginnt eine Frustphase. Sie ist nicht im neuen System begründet, sondern in der Enttäuschung, dass es sich nun endgültig nicht mehr verhindern lässt.

In dieser angespannten Lage werden Menschen aggressiv. Es ist die Form, mit der sie sich emotional vom Neuen distanzieren. Sie merken es daran, dass der Ton rauer wird, die Beschwerden zunehmen und die Bereitschaft, sich mit dem Neuen auseinanderzusetzen, sinkt.

Diese Aggressivität steckt an. Die Folge davon ist, dass die Fachleute in gleichem Ton antworten. Ein Schlagabtausch wie der folgende führt dann nur zur Eskalation: Anwender: „Das ist doch alles Schrott!" Berater: „Sie sind inkompetent und begreifen nicht einmal die einfachsten Funktionen." Lassen Sie sich auf keinen Fall von der Aggressivität anstecken. Bleiben Sie weiter ruhig, ignorieren Sie Missgriffe in der Wortwahl, beantworten Sie Fragen sachlich und kümmern Sie sich darum, dass Fehler behoben werden.

Bleiben Sie bei Angriffen ruhig

In der Kommunikation mit den Anwendern gehen Sie hier genau so vor wie in einem Konflikt. Wechseln Sie den Ich-Zustand:

Wechseln Sie zum Erwachsenen-Ich

Anwender: „Das ist doch alle Schrott!" (Eltern-Ich spricht das Kindheits-Ich des Beraters an.)

Berater: „Ich kann Ihre Verärgerung verstehen. Aber bitte sagen Sie mir, mit welchen Funktionen Sie genau Schwierigkeiten haben." (Erwachsenen-Ich spricht das Erwachsenen-Ich des Anwenders an.)

In solchen Situationen gelassen zu bleiben und keine Eskalation zuzulassen, ist eine große Kunst, aber mit etwas Übung schaffen Sie es:

Übung: Setzen Sie den Dialog fort

Wie könnte der folgende Dialog fortgesetzt werden?

Experte: „Jetzt möchte ich Ihnen die neuen Funktionen zeigen."

Anwender: „Das brauchen Sie gar nicht zu tun. Ich begreife dieses komplizierte Programm sowieso nicht."

Experte: „..."

Checkliste: So führen Sie Veränderungen erfolgreich ein	
Informieren Sie so früh wie möglich. Dies lässt allen Betroffenen Zeit, sich mit der Veränderung auseinanderzusetzen.	
Machen Sie Betroffene zu Beteiligten, indem Sie nach Wünschen und Anregungen fragen und sie, so gut es geht, berücksichtigen.	
Schulen Sie die Anwender von neuen Systemen. Hier können die Betroffenen das System für sich erproben. So gewinnen sie Sicherheit.	
Bieten Sie den Anwendern eine Eingewöhnungsphase an, in der Sie sie gut unterstützen. Dies macht den Übergang zum Neuen leichter.	
Bleiben Sie gelassen und beantworten Sie alle Fragen der Betroffenen. Dies gibt ihnen das Gefühl, nicht alleingelassen zu sein und von anderen unterstützt zu werden.	

Zusammenfassung

Ihre Kompetenz in der Überzeugungsarbeit

- Machen Sie sich bewusst, was Sie und andere überzeugt. So finden Sie die richtigen Argumente.

- Entwickeln Sie die Fähigkeit, Ihre Produkte und Dienstleistungen aus der Perspektive des Kunden zu sehen. Damit schließen Sie mit Ihren Argumenten an die Vorstellungswelt der Kunden an.

- Machen Sie die Betroffenen von einer neuen Technik zu Beteiligten. Werden Wünsche und Anregungen der künftigen Anwender berücksichtigt, dann verringern sich die Widerstände gegen das Neue.

- Bleiben Sie ruhig und geduldig, wenn Sie die Technik erklären. So geben Sie den Anwendern die Chance, sich in neue Arbeitsabläufe einzuarbeiten.

- Liefern Sie sich keine Wortgefechte mit den Anwendern, wenn diese sich beschweren. Antworten Sie ruhig und sachlich und gestehen Sie Fehler ein.

Feedback: sich selbst reflektieren

„Wer andere erkennt, ist gelehrt.“
(Laotse, chinesischer Philosoph)

Wer sich selbst erkennt, ist weise. Vielleicht haben Sie diese Gewohnheit: Jeden Morgen, bevor Sie das Haus verlassen, sehen Sie in den Spiegel. Sie sehen sich darin. Sie sehen, wie das Haar gekämmt ist, wie die Kleidung sitzt und vielleicht auch, mit welchem Gesichtsausdruck Sie in den Tag starten. Der Spiegel gibt Ihnen eine Rückmeldung darüber, wie Sie aussehen und anderen Menschen an diesem Tag gegenübertreten. Er gibt Ihnen die Chance, noch das eine oder andere zu verändern, wenn es Ihnen nicht gefällt. Der Spiegel gibt Ihnen ein Feedback darüber, wie Ihre Erscheinung wirkt.

Der Spiegel zeigt uns aber nur einen Aspekt unserer Wirkung: Das Aussehen. Er gibt keine Auskunft darüber, wie unsere Erscheinung auf andere wirkt. Ohne einen Spiegel können wir nicht wissen, wie andere uns sehen. Dabei muss es gar nicht so weit gehen, dass man schon hinter unserem Rücken über die eine oder andere Macke redet. Um zu wissen, wie wir nicht nur mit unserer Erscheinung, sondern auch mit unserem Verhalten auf andere wirken, brauchen wir ebenfalls eine Art Spiegel. Und der beste Spiegel, den es dazu gibt, ist das Feedback derjenigen, mit denen wir täglich zusammenarbeiten.

Dieses Kapitel gibt Ihnen Antworten auf die folgenden Fragen:

- Was ist ein Feedback?
- Wie nutze ich ein Feedback?
- Welche Regeln sollte ich einhalten, wenn ich Feedback gebe oder ein Feedback bekomme?

Ein Feedback macht den „blinden Fleck" sichtbar

„Feedback is Food for Champions", sagt man. Gewinner sind deshalb gut, weil sie ständig an ihren Stärken und Schwächen arbeiten. Feedback hilft, die Stärken und die Schwächen zu erkennen.

Ein Feedback gibt uns die Chance, das Bild, das wir von uns selbst haben, durch das Bild, das andere von uns haben, zu ergänzen.

Jeder hat ein Bild von sich selbst. Nicht nur von seiner körperlichen Erscheinung, sondern auch davon, wie er auf andere wirkt. Die Menschen, mit denen wir kommunizieren und zusammenarbeiten, haben ebenfalls ein Bild von uns und nur in den wenigsten Fällen sind die beiden Bilder deckungsgleich. Ersteres ist unsere Eigenwahrnehmung, Letzteres die Fremdwahrnehmung.

Merksatz: Feedback

Feedback ist eine Möglichkeit, Eigen- und Fremdwahrnehmung miteinander abzugleichen. Durch ein Feedback erfahren Sie mehr über Ihre Wirkung und können Ihr Handeln daran orientieren.

Die beiden amerikanischen Sozialpsychologen Joseph Luft
Johari-Fenster und Harry Ingham haben dafür das nach den Abkürzungen ihrer Vornamen benannte Johari-Fenster entwickelt. Es teilt die Wahrnehmung von einer Person in vier Bereiche auf. Diese sind in Abbildung 24 grafisch dargestellt.

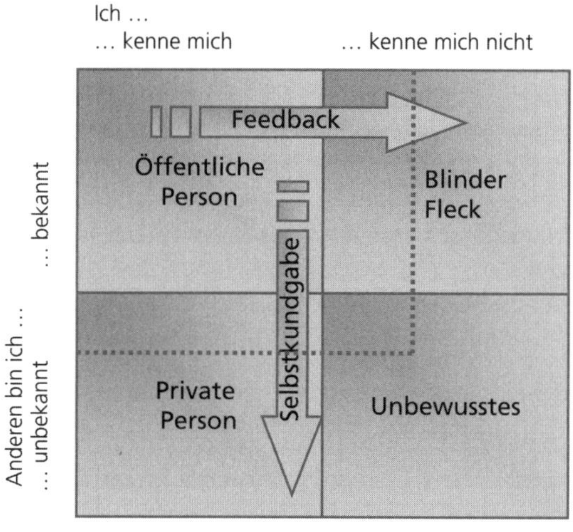

Abbildung 24: Das Johari-Fenster macht deutlich, wie andere uns und wir uns selbst wahrnehmen.

Die einzelnen Bereiche des Johari-Fensters haben folgende Bedeutungen:

Bereich der öffentlichen Person: Hier stimmen Eigen- und Selbstbild überein. Sachverhalte, Tatsachen und Motive werden von uns selbst und von anderen gleich wahrgenommen.

Verborgener Bereich: Dieser Bereich ist uns selbst bekannt, aber anderen verborgen. Es ist unsere „Privatsphäre", über die wir keine Auskunft geben. Andere können über diesen Bereich nur Vermutungen anstellen.

Blinder Fleck: Mit dem blinden Fleck ist es umgekehrt. Andere kennen ihn, wir aber nicht. Durch das Feedback von anderen haben wir die Chance, mehr über diesen Bereich zu erfahren.

Unbewusstes: Das Unbewusste bleibt uns und anderen unbekannt. Während alle anderen Bereiche öffentlich gemacht werden können, bleibt dieser Bereich sowohl für uns selbst wie auch für andere verborgen und kann nur durch therapeutische Verfahren ans Licht gebracht werden.

Im Berufsleben sind wir immer eine öffentliche Person. Die Zusammenarbeit mit anderen klappt besser, wenn diese mehr von Ihnen wissen und Sie so viel wie nur möglich über sich selbst. Ihre Partner wissen, woran sie mit Ihnen sind, und Sie wissen, was Ihr Verhalten bei Ihren Partnern bewirkt.

Es gibt zwei Möglichkeiten, den Bereich der öffentlichen Person zu vergrößern: Erstens, indem Sie mehr von sich erzählen, und zweitens, indem Sie Ihre Wirkung auf andere durch ein Feedback kennenlernen.

Von sich erzählen und Feedback holen

Erzählen Sie mehr von sich selbst: Dies heißt nicht, dass Sie Ihr Privatleben offenbaren müssen, sondern dass Ihre Rolle, Aufgaben und Verantwortung für andere transparent sind. So können sich Ihre Partner im Berufsleben besser auf Sie einstellen.

Lassen Sie sich ein Feedback geben: Nutzen Sie eine Feedbackrunde am Ende von Gesprächen, Workshops und Meetings dazu, mehr über Ihr Verhalten bei der täglichen Arbeit zu erfahren.

Feedback als Lernchance nutzen

Machen Sie Feedbacks zu einem festen Bestandteil Ihres Handelns. Dies heißt nicht, dass Sie von jedem bei nur jeder erdenklichen Gelegenheit ein Feedback einfordern oder jedem ein Feedback geben – sondern bauen Sie es dann ein, wenn es von der Situation her passend ist.

Feedback als festes Ritual

Gute Gelegenheiten für ein Feedback sind

- am Ende eines Gesprächs,
- zum Abschluss eine Meetings oder Workshops,
- bei der Fertigstellung eines Arbeitsergebnisses,
- bei Unsicherheit im eigenen Verhalten.

Lassen Sie sich ein Feedback geben

Gutes Feedback

Ein Feedback ist keine Kritik. Ein Feedback hat immer eine wertschätzende Grundhaltung. Wertschätzung bedeutet, einem anderen Menschen positiv gegenüberzustehen. Durch Wertschätzung zeigen Sie Respekt, Achtung, Wohlwollen und Anerkennung. Es vermittelt die folgende Haltung: „Ich schätze dich als Person und möchte dir durch meine Rückmeldung helfen, mehr über dich zu erfahren."

Feedbackregeln

Ein gutes Feedback zeichnet sich dadurch aus, dass der Feedbackgeber nicht alles sagt, was ihm aufgefallen ist. Die Aufmerksamkeit des Feedbacknehmers ist begrenzt, insbesondere dann, wenn das Feedback ihn stark berührt. Ein guter Feedbackgeber beobachtet sein Gegenüber, damit er merkt, ob der Feedbacknehmer noch genügend Aufmerksamkeit für das Feedback hat.

Ein Feedback unterscheidet sich von einem normalen Gespräch. Es ist ein Ritual, für das es feste Regeln gibt – die Feedbackregeln. Sie geben dem Feedback einen Rahmen und legen fest, was erlaubt und erwünscht ist, aber auch das, was unterlassen werden sollte.

Checkliste: So nehmen Sie ein Feedback entgegen	
Prüfen Sie Ihre eigene Bereitschaft für das Feedback. Nehmen Sie ein Feedback nur dann an, wenn Sie innerlich dazu bereit sind.	
Hören Sie als Feedbacknehmer ruhig zu. Entscheiden Sie erst dann, nachdem Sie alles gehört haben, was Sie mit dem Feedback machen.	
Rechtfertigen Sie sich nicht, erklären Sie Ihr Verhalten nicht. Ihr Verhalten ist Ihre Entscheidung, für die Sie sich nicht rechtfertigen müssen.	
Danken Sie Ihrem Feedbackgeber für die Rückmeldung. Sie sind nicht verpflichtet, etwas über Ihre Wertung des Feedbacks zu sagen.	
Denken Sie über das Feedback nach und entscheiden dann, ob oder wie Sie Ihr Verhalten ändern wollen.	

Auf wertschätzendes Feedback achten

Fordern Sie selbst nur dann ein Feedback ein, wenn es passend ist, und nur von denen, die Ihnen ein wertschätzendes Feedback geben können. Denn ein Feedback ist nur dann hilfreich, wenn Sie dadurch die Chance haben, Ihr Verhalten zu ändern.

Geben Sie Feedback, wann immer es passt

Ein gutes Feedback gelingt nicht beim ersten Mal. Um eine gutes Feedback geben zu können, muss der Feedbackgeber seine Wahrnehmung von anderen Personen schärfen, die für den anderen wichtigen Punkte herausfinden und diese angemessen vermitteln können. Je mehr das Feedback zu einem festen Bestandteil am Ende von Meetings, Workshops und Besprechungen wird, umso mehr entwickelt sich die Kompetenz aller sowohl im Geben wie auch im Nehmen von Feedback.

Checkliste: So geben Sie ein Feedback	
Nehmen Sie Blickkontakt zu Ihrem Gesprächspartner auf.	
Fragen Sie ihn, ob das Feedback erwünscht ist. Verneint er dies, dann brechen Sie das Feedbackgespräch ab.	
Bleiben Sie nüchtern und distanziert. Brillante Formulierungen sind nicht immer das geeignete Mittel, um Feedback zu geben. Schildern Sie die Eindrücke nüchtern und beschreiben Sie das Verhalten konkret.	
Schildern Sie die Wahrnehmungen anschaulich. Der Feedbacknehmer muss ein Bild Ihrer Rückmeldung entwickeln können.	
Geben Sie nur ein aktuelles Feedback. Das Feedback hat nur im Hier und Jetzt der Situation einen Sinn. Vergangenes ist bereits überholt oder der Feedbacknehmer hat sich schon verändert.	
Benennen Sie eigene Wünsche als „Ich-Botschaften". Beschreiben Sie, wie das Verhalten Ihres Gesprächspartners auf Sie gewirkt hat und was Sie dabei empfinden. Damit betonen Sie, dass Sie Ihre eigene, subjektive Sicht wiedergeben.	
Beachten Sie die Konsequenzen. Geben Sie ein Feedback nur dann, wenn Sie auch zu Ihren Aussagen stehen. Feedback kann nicht mehr zurückgenommen werden. Aussagen, die sich nur auf Vermutungen oder flüchtige Wahrnehmungen gründen, haben in einem Feedback keinen Platz.	

Tipp: Verwenden Sie die Sandwich-Technik für negatives Feedback

Ein für den Feedbacknehmer negatives Feedback kann dieser besser annehmen, wenn es mit einer positiven Rückmeldung verbunden ist. Nutzen Sie dazu die Sandwich-Technik. Und dies geht so: Sie verpacken das Negative zwischen zwei positiven Rückmeldungen. Dabei müssen die positiven Rückmeldungen einen Bezug zur negativen Rückmeldung haben. Das folgende Beispiel illustriert dies: „Ich möchte Ihnen sagen, dass ich Ihre Arbeit sehr schätze, aber in Bezug auf das vorliegende Konzept bin ich persönlich unzufrieden. Ich erkläre Ihnen jetzt, warum dies so ist … Ich bin mir sicher, dass das ein sehr gutes Konzept wird, wenn Sie es noch etwas modifizieren."

Zusammenfassung

Ihre Feedbackkompetenz:

- Machen Sie Feedback zum Bestandteil Ihres Handelns. Durch Feedback erfahren Sie mehr, wie Sie bei anderen wirken und können so Ihr Verhalten besser an die Situationen in der Arbeitswelt anpassen.
- Halten Sie sich an die Feedbackregeln. Damit gehen Sie sicher, dass Ihr Feedback gut ankommt.

Neues Verhalten muss erprobt werden

Für Schauspieler gehören Proben zum Beruf. Bevor sie vor das Publikum treten, haben sie die Sätze, Bewegungen und ihre Mimik und Gestik einstudiert. In einer Probe üben Schauspieler nicht fertige Abläufe, sondern sie erarbeiten das Stück Szene für Szene und erproben dabei, wie sie am besten wirken.

Was können wir davon lernen? Auch wir sind in unserem Job wie Schauspieler auf einer Bühne. Eine öffentliche Person und die Menschen um uns herum sind Mitspieler und Zuschauer zugleich. Jedes Gespräch, jedes Meeting und jede Präsentation ist Probe und Auftritt in einem. Mit jedem Auftritt haben wir die Chance, unseren nächsten Auftritt zu proben.

Diese Chance können Sie nutzen, wenn Sie nach Gesprächen, Meetings und Präsentationen innehalten und das Geschehen Revue passieren lassen. Sie erkennen dann, was perfekt gewirkt hat, aber auch, wo Sie noch eine größere Wirkung erzielen können. Soziales Lernen ist immer ein Kreislauf von Ausprobieren, Reflektieren und Erproben von Neuem und wieder und wieder reflektieren. So entsteht ein Repertoire an Fähigkeiten, um mit anderen Menschen zu reden, mit ihnen zu arbeiten und um sie zu gewinnen. So entwickeln sich Ihre Soft Skills.

Dieses Buch hat Ihnen dabei geholfen, die Augen und Ohren für Ihr Verhalten und das Verhalten anderer zu öffnen, in Ihrer Arbeitspraxis etwas genauer hinzusehen, wenn Sie mit anderen Menschen zusammenarbeiten und diskutieren. In den Übungen fanden Sie Anregungen, wie Sie dies konkret tun können. Sie haben vielleicht festgestellt, dass sich Ihr Verhalten verändert hat. Nicht immer war das, was Sie ausprobiert haben, so erfolgreich, wie Sie es sich vorgestellt haben. Dies ist kein Anlass, die Flinte ins Korn zu werfen, sondern eine Anregung, es nochmals, vielleicht etwas anders zu probieren.

Verzeichnisse

Verzeichnis der Checklisten

So ...

Quellenverzeichnis

Im Kapitel „Teamarbeit: Ohne Kooperation geht es nicht" beruht die Darstellung der Inhalte zum Teammanagementsystem von Margerison und McCann auf dem folgenden Buch: TMS – Der Weg zum Hochleistungsteam: Praxisleitfaden zum Team Management System nach Charles Margerison und Dick McCann, Offenbach: Gabal 2008.

Ich danke Marc Tscheuschner, Leiter des TMS-Zentrums deutschsprachige Länder für seine Anregungen.

Literaturverzeichnis

Birkenbihl, Vera F.: Stroh im Kopf. Gebrauchsanleitung fürs Gehirn. Frankfurt/Main: Moderne Verlagsgesellschaft 2005.

Bohinc, Tomas: Projektmanagement – Soft Skills für Projektleiter, Offenbach: Gabal 2006.

Bohinc, Tomas: Karriere machen ohne Chef zu sein – Praxisratgeber für eine erfolgreiche Fachkarriere, Offenbach: Gabal 2006.

Breger, Wolfram; Grob, Heinz Lothar: Präsentieren und Visualisieren, mit und ohne Multimedia. München: dtv 2003.

Ciompi, Luc: Die emotionalen Grundlagen des Denkens. Entwurf einer fraktalen Affektlogik. Göttingen: Sammlung Vandenhoeck & Ruprecht 2004.

Cohn, Ruth: Von der Psychoanalyse zur Themenzentrierten Interaktion. Stuttgart: Klett-Cotta 2004.

Fisher, Roger; Ury, William; Patton, Bruce: Das Harvard-Konzept. Sachgerecht verhandeln, erfolgreich verhandeln. Frankfurt/Main, New York: Campus 2004.

Fittkau, Bernd; Müller-Wolf, Hans-Martin; Schulz von Thun, Friedemann: Kommunikation lernen (und umlernen). Aachen: Hahner 1994.

Glasl, Friedrich: Konfliktmanagement. Stuttgart: Freies Geistesleben 2004.

Goleman, Daniel: Emotionale Intelligenz. München: dtv 1999.

Katzenbach, John R.; Smith, Douglas: Teams – der Schlüssel zur Hochleistungsorganisation. Landsberg am Lech: Moderne Industrie 2003.

Klebert, Karin; Schrader, Einhard; Straub, Walter: Die Moderations-Methode. Hamburg: Windmühle 2002.

Klebert, Karin; Schrader, Einhard; Straub, Walter: Kurz-Moderation. Hamburg: Windmühle 2003.

Kommunikation im Management (Loseblattsammlung), Bonn: Verlag für die Deutsche Wirtschaft.

Minto, Barbara (Autor); Abghay, Lydia (Übersetzer); Frentinaglia, Gudrun: Das Prinzip der Pyramide: Ideen klar, verständlich und erfolgreich kommunizieren. Pearson Studium, 2005.

Neuland, Michele: Neuland-Moderation. Bonn: Managerseminare Verlag 2002.

Pfeifer, Stefan: Die Trojanische Verkaufsstrategie. Offenbach: Gabal 2007.

Riemann, Fritz: Die sieben Grundformen der Angst. München: Ernst Reinhardt Verlag 2000.

Schulz von Thun, Friedemann: Miteinander reden 1. Störungen und Klärungen. Reinbek bei Hamburg: Rowohlt 2005.

Schulz von Thun, Friedemann: Miteinander reden 2. Stile, Werte und Persönlichkeitsentwicklung. Reinbek bei Hamburg: Rowohlt 2005.

Schulz von Thun, Friedemann: Miteinander reden 3, Das „innere Team" und situationsgerechte Kommunikation. Reinbek bei Hamburg: Rowohlt 2005.

Schwarz, Berthold: Konfliktmanagement. Konflikte erkennen, analysieren, lösen. Wiesbaden: Gabler 2003.

Seifert, Josef W.: Visualisieren, Präsentieren, Moderieren. Offenbach: Gabal 2003.

Spies, Stefan: Authentische Körpersprache. Hamburg, Hoffman und Campe 2004.

Tscheuschner, Marc; Wagner, Helmut: TMS – Der Weg zum Hochleistungsteam: Praxisleitfaden zum Team Management System nach Charles Margerison und Dick McCann, Offenbach: Gabal, 2008.

Watzlawick, Paul; Beavin, Janet H.; Jackson, Don D.: Menschliche Kommunikation. Formen, Störungen, Paradoxien. Bern, Stuttgart, Toronto: Verlag Hans Huber 2003.

Weisbach, Christian-Rainer: Professionelle Gesprächsführung. München: dtv-Beck, 2008.

Der Autor

Dr. Tomas Bohinc kann auf langjährige Erfahrungen in einem großen Unternehmen zurückblicken. Seit 1984 ist er für die Deutsche Telekom AG und ihre Vorgängerorganisationen in unterschiedlichen Bereichen tätig.

Er studierte Physik und Nachrichtentechnik sowie Philosophie und absolvierte ein Postgraduiertenstudium im Bereich Team- und Organisationsentwicklung. Seit 2001 ist er bei T-Systems, einem Tochterunternehmen der Deutschen Telekom AG im Bereich Personalentwicklung tätig.

Er ist Trainer zu Themen wie Moderation, Gesprächsführung und Konfliktmanagement. Unter anderem hat er eine Trainingsreihe zu Soft Skills für Projektleiter konzipiert und acht Jahre lang durchgeführt.

Er ist Autor der Bücher „Projektmanagement: Softs Skills für Projektleiter" und „Karriere machen ohne Chef zu sein – Praxisratgeber für eine erfolgreiche Fachkarriere". Seit über 15 Jahren erscheinen von ihm regelmäßig Fachartikel zu Kommunikations-, Management- und HR-Themen.

Nebenberuflich ist er Referent an der Technischen Akademie Esslingen.

Mehr Informationen zum Autor und zu den Themen des Buches finden Sie auf der Internetseite zum Buch:

www.soft-skills-im-job.de

Kontaktadresse des Autors:

Dr. Tomas Bohinc, Waldstraße 52, 64569 Nauheim
E-Mail: Tomas.Bohinc@t-online.de

Stichwortverzeichnis